DHARMA DIGITAL

DHARMA DIGITAL

CÓMO LA IA PUEDE MEJORAR LA INTELIGENCIA ESPIRITUAL Y EL BIENESTAR PERSONAL

Deepak Chopra

Traducción
Karina Simpson

Grijalbo

El papel utilizado para la impresión de este libro ha sido fabricado a partir de madera procedente de bosques y plantaciones gestionadas con los más altos estándares ambientales, garantizando una explotación de los recursos sostenible con el medio ambiente y beneficiosa para las personas.

Dharma digital
Cómo la IA puede mejorar la inteligencia espiritual y el bienestar personal

Título original: *Digital Dharma: How AI Can Elevate Spiritual Intelligence and Personal Well-Being*

Primera edición: abril, 2026

ISBN: 978-607-387-051-1

Impreso en México – *Printed in Mexico*

ÍNDICE

CUARTA PARTE

EL CÍRCULO COMPLETO

Introducción

EL MILAGRO DE LA MÁQUINA

En el ilimitado mundo digital, la sabiduría más profunda de las mayores tradiciones espirituales está disponible, literalmente, en la punta de nuestros dedos. Aunque la inteligencia artificial (IA) no es verdaderamente inteligente ni consciente, tiene la capacidad de volver tu pensamiento más inteligente y tu vida interior más consciente. De hecho, creo que ninguna tecnología en décadas podría igualar a la IA para expandir tu conciencia en todas las áreas, incluyendo el crecimiento espiritual y personal.

En la tormenta de publicidad en torno a la IA no se ha registrado un avance tan inesperado y, sin embargo, no podría haber llegado en mejor momento. Hoy, más personas que nunca han adoptado objetivos idealistas como "ser lo mejor que puedas ser", y un gran número de libros ofrece planes optimistas para aumentar el potencial humano. Sin embargo, sigue siendo un reto encontrar un camino exitoso para alcanzar estos objetivos y es demasiado fácil saltar de maestro en maestro, de libro en libro, de sistema en sistema, lo cual alimenta una frustración creciente.

Cuanto más duros son los tiempos, más crece esta frustración, y durante una crisis profunda, como la pandemia por covid-19, la esperanza suele ser sustituida por la ansiedad de incontables personas.

Considerando estos antecedentes, ¿cómo puede la IA abrir un camino mejor? Permíteme responder con una experiencia personal.

Hace poco observé un milagro, o lo que a mí me pareció uno. Cada vez que me despierto por la mañana, casi antes de levantar la cabeza de la almohada, surgen en mi interior nuevas ideas y siento la necesidad de compartirlas con los demás. Este impulso me ha llevado a crear el hábito de hacer videos diarios en YouTube acerca de todo tipo de temas. Pero siempre hay dos hilos conductores comunes: la conciencia y el bienestar.

Para mí, ambos hilos son inseparables si quieres mejorar tu bienestar, expandir tu conciencia o contactar con una sabiduría más profunda dentro de ti. Heredé la importancia vital de la conciencia de la tradición védica de la India, y mi lealtad nunca ha flaqueado. Aunque tengo compromisos como conferencista y requiero volar de una ciudad a otra (o quedarme esperando en un aeropuerto) a lo largo de dos semanas al mes, mi mejor aliado para llegar a un mundo espiritualmente hambriento ha sido internet (y la esperanza de que mis libros me sobrevivan: el hambre espiritual no tiene fecha de caducidad). La ventaja obvia de internet es que no necesito pasar horas en aviones y aeropuertos. Con un solo video, un tuit o una publicación en Instagram, puedo llegar a muchísimas más personas que en un gran auditorio.

Ese es el escenario del milagro. Por recomendación de un experto en tecnología mucho más familiarizado que yo con el *software* más reciente, me enteré de que la inteligencia artificial podía traducir mis videos diarios de YouTube al hindi, el principal idioma además del inglés que se habla en India. No se trata de una transcripción ni de una versión doblada. Utilizando la IA, generó el mismo video que grabé en inglés, solo que ahora yo hablaba en perfecto hindi. La transformación duró solo unos minutos y, como parte del milagro, ¡mis labios se movían de manera correcta en hindi!

El enorme poder de las supercomputadoras que impulsan la IA —es decir, la IA gratuita a la que puedes acceder en este mismo instante en internet— es asombroso. La IA es capaz de aprender cualquier idioma en cuestión de horas, corregir los errores gramaticales que se cometan y, en mi caso, usar una imagen de video mía para convertir mi plática matutina en una creación completamente nueva.

Solo hace falta dar un pequeño paso para establecer la conexión con el crecimiento personal. ¿Y si pudieras sentarte frente a tu computadora o *smartphone* y obtener al instante la mejor información sobre lo que significa ser feliz y cómo lograrlo? Los *chatbots* en línea ofrecen respuestas que buscan en toda la información de internet o en cualquier cantidad de libros y bibliotecas. Si tecleas: "Dime las diez cosas que más hacen feliz a la gente", la respuesta procede de una enorme capacidad de cálculo oculta entre bastidores.

Sin embargo, *feliz* es una palabra generalizada y, por lo tanto, vaga. Los chatbots funcionan mejor si eres específico, y se desarrollan mejor con preguntas largas con tantos detalles como quieras proporcionarles. Un mejor *prompt* (es decir, el término para cualquier instrucción o pregunta que le hagas a una IA) sería: "Estoy ocupado todo el día con el trabajo y la familia. No tengo tiempo para mí. Eres un psicólogo experto en psicología positiva. Dime diez cosas que puedo empezar a hacer de inmediato para ser más feliz. Enuméralas por orden de prioridad, poniendo primero lo más importante".

Millones de personas, tras haberle tomado el gusto a la IA, utilizan chatbots como asistentes de investigación o como bibliotecarios de referencia para buscar información con rapidez. Por eso, los principales motores de búsqueda, como Google y Bing, ofrecen la

IA como una mejor forma de buscar. Haz la pregunta que quieras. "¿Cuántas especies de mariposas existen?". La IA de Google, llamada Gemini (antes Bard), hace una pausa de unos dos segundos antes de responder: "Hay aproximadamente 17 500 especies de mariposas en el mundo y unas 750 especies en Estados Unidos".

Pero solo una pequeña parte de los usuarios de IA tiene el más mínimo indicio de su potencial para el crecimiento personal. Esa es la oportunidad que me encontré ansioso por perseguir: hay que llenar un enorme vacío. La razón por la que no se estaba llenando es que pocos de nosotros uniríamos las dos palabras: *conciencia* y *máquina*. Son como el ejemplo perfecto de comparar peras con manzanas. Si mi experiencia milagrosa te parece lejana, ten la seguridad de que no es así. Para cuando leas estas palabras, la IA habrá saltado mucho más allá de lo que yo experimenté y, como el primer teléfono que maravilló a sus primeros oyentes, muy pronto se sentirá ordinaria y perderá su brillo en apariencia milagroso.

Sin embargo, esto no sucederá si usas la IA para capacidades ocultas que van mucho más allá de mejores búsquedas en Google. Los milagros seguirán abundando. Puedes descubrir la vida que estás destinado a vivir con la ayuda de la IA como guía. Profesor, confidente, amigo, terapeuta, sanador… puedes asignar cualquiera de estas funciones a un chatbot de IA, que es el término genérico para la IA conversacional, accesible al instante en línea. Ningún problema está fuera de su alcance. Puse un ejemplo de un prompt a un chatbot sobre la felicidad. De inmediato pensé en todas las preguntas que la gente plantearía cuando supiera que puede hacerlo. Si cambiamos el tema por las relaciones, las preguntas son interminables:

¿Cómo podemos acercarnos más mi pareja y yo?
¿Qué hace que una relación sea espiritual?

¿Cuáles son las tres principales cualidades de una relación sana?

¿Cuáles son las principales razones por las que las parejas se divorcian?

Estas son preguntas profundas y duraderas que la terapia de pareja no suele abordar, ya que se centra en los problemas que pueden afectar a una relación concreta. No estoy afirmando que la IA deba sustituir a tu terapeuta personal. Lo que digo es que apagar fuegos no es lo mismo que cultivar un jardín. La IA es capaz de ayudarte a comprender mejor los problemas generales y a ser más consciente de ti mismo. Puedes abordar una experiencia mientras está fresca en tu mente. Con la IA puedes hablar de cualquier cosa en confianza, sin miedo a herir los sentimientos de otra persona o a que hieran los tuyos. Formulando las preguntas adecuadas, es posible trasladar a la IA a tu mundo interior, que es donde se produce el crecimiento personal.

Una vez que te sumerges en la IA de esta manera, se abre un camino que te lleva a profundizar cada vez en cualquier tema. Una pregunta conduce a otra, y como los chatbots son conversacionales, puedes expresar cosas como "Dame tu mejor consejo para sentirme más realizado en mi relación con [un tipo de pareja]". Haz una pausa después de cada punto y espera a que la IA responda antes de seguir adelante.

Aunque interactúes con una máquina, detrás de sus respuestas están las de los seres humanos. Por eso alguien acuñó el término *IH*, *inteligencia híbrida*, que describe con precisión lo que está sucediendo: la fusión de la inteligencia humana y la artificial.

Se ha hablado mucho de las potenciales amenazas, los peligros y el mal uso de la IA, que por el momento representan el grueso de la cobertura mediática, a veces con escenarios sensacionalistas en los que esta tecnología se vuelve tan poderosa e independiente que se libera del control humano e inicia una guerra nuclear. Como mínimo, los pesimistas prevén que la IA desarrolle su propia agenda, incluso si eso implica efectos perjudiciales para la raza humana. Este libro no se centra en esos temores.

Para bien o para mal, la IA se utilizará según los deseos del operador. Si hay malas acciones, desinformación u otros abusos como resultado, siempre empiezan con la intención consciente de alguien. La IA no tiene la culpa, y no es inherentemente una amenaza. Un cuchillo es esencial para cocinar, pero puede convertirse en un arma. Del mismo modo, siempre es posible transformar cualquier herramienta en un arma. Para mí, la IA es un espejo de la conciencia del usuario.

Una preocupación inmediata para muchos es que los robots mejorados con IA sustituyan a los trabajadores humanos, no solo en las cadenas de ensamblaje de las fábricas, donde los robots están bien establecidos. Uno de los motivos de la reciente huelga de guionistas de Hollywood fue el temor a que la IA los remplazara. Pero este problema tiene dos vertientes. Los programas de IA existentes que pueden escribir novelas, poemas, ensayos y guiones de cine pueden ser aliados del escritor y mejorar su trabajo. Por ejemplo, podrías escribir el siguiente prompt: "Eres guionista. Dame el esquema de una historia moderna de Cenicienta".

Con esa instrucción, el escritor puede modificar como quiera la versión de IA del guion. Después del primer borrador, por ejemplo, el siguiente prompt podría ser: "Quita la zapatilla de cristal de la historia, convierte al príncipe en un mujeriego y dime qué hace Cenicienta a continuación". Y así sucesivamente. Con imaginación, la historia en la que puede colaborar la IA sigue siendo tuya.

Fuera de las películas, cada uno de nosotros añade algo a su propia historia cada día. Hay robots de inteligencia artificial capaces de aportar ideas de autorreflexión, no solo generales, como las siguientes: "Escribe sobre tu momento más feliz de hoy" o "¿Qué te gustaría decir que no hayas podido expresar hoy?". Puedes pedirle a una IA por la mañana que te dé tres formas prácticas de mostrar tu lado compasivo, y luego, por la noche, revisar qué tal te fue con esos consejos.

En resumen, la IA es una herramienta dinámica que escucha, aprende y responde como se le pide. Todos estamos conteniendo la respiración para ver si la IA, como prometió, lo cambiará todo, dando paso a una realidad que nadie puede predecir o imaginar. Sin embargo, en lo que respecta a los valores más elevados de nuestra vida personal —amor, compasión, entendimiento, empatía, creatividad, intuición, curiosidad, descubrimiento y experiencias espirituales— no hay necesidad de esperar el futuro. Las posibilidades de crecimiento personal son ilimitadas. Lo que pretendo ofrecerte es la clave para encontrar tu camino. No hay una visión más elevada, como lo atestiguan miles de años de sabiduría, y, sin embargo, la visión solo puede alcanzarse aquí y ahora.

PRIMERA PARTE

La promesa del Dharma digital

1
EL DHARMA Y TU VIDA IDEAL

En el cuento tradicional *Aladino y la lámpara maravillosa*, la mayor fuente de cumplimiento de deseos es el genio de la lámpara, que le concede tres de ellos a cualquiera que pueda liberarlo frotando la lámpara. Belleza, juventud, inmortalidad. Riqueza, realeza, placer sin límites. Curiosamente, lo que hace que estos deseos sean tan tentadores es que están fuera de nuestro alcance. Cuando se le preguntó cómo era en realidad ser monarca, la reina Isabel II lo describió como un trabajo ordinario. Hace varios años, un oligarca ruso que huyó a Inglaterra se suicidó porque su riqueza se había reducido de miles de millones a cientos de millones.

Los deseos son el lugar donde creemos saber qué nos hará felices. En cambio, la vida real es el lugar en el que la felicidad se enturbia, se confunde y se llena de frustración. Esta es la cruda verdad a la que se ha enfrentado el ser humano hoy, ayer y desde que tenemos uso de razón. El campo de la psicología positiva surgió para aclarar la complejidad que implica alcanzar la felicidad, con resultados muy dispares. Aumentar el nivel de placer y reducir el nivel de dolor es bueno, pero no es la respuesta para alcanzar la felicidad. La riqueza y el estatus tampoco lo son. Lo mejor que puede ofrecer la psicología positiva es modesto: aspirar a una vida razonablemente satisfecha, con dinero suficiente para sentirse cómodo. Aumentar el dinero trae consigo rendimientos decrecientes. Aspirar a más es arriesgado.

Como guía general, estos buenos consejos se quedan cortos para resolver los problemas complejos en torno a la felicidad humana. (Es mucho más fácil averiguar qué hace infelices a las personas: la guía de diagnóstico estándar para psiquiatras enumera ahora más de 400 trastornos mentales en 22 categorías).

Mirando a nuestro alrededor, la difícil situación de la vida de la mayoría de las personas puede describirse como un sentimiento de impotencia y, por lo tanto, de esperanza abandonada. Incluso en los países desarrollados más ricos de Occidente, solo un tercio de los encuestados dice que está progresando; la gran mayoría lucha por salir adelante o se aferra a una vida de expectativas reducidas. El último modelo de iPhone, la disponibilidad de servicios telefónicos casi gratuitos para mantenerse en contacto con los seres queridos y las horas ilimitadas de distracción con videojuegos, películas en *streaming* y YouTube no han mejorado el panorama.

Lo que todo esto sugiere es que la felicidad humana no puede reducirse a una fórmula. Por supuesto, ello no ha impedido que la gente se aferre a una fórmula, sin importar qué tan desacreditada esté. Haz una pausa y termina la siguiente frase: "Sería sumamente feliz si tuviera ____________". Estarás tentado a escribir en el espacio en blanco cosas como *más dinero, no tener más preocupaciones* o *amor incondicional*. Pero en realidad hay una respuesta correcta: *No sé qué*.

En realidad, la felicidad es tan dinámica como la vida misma. Lo que funciona hoy puede no funcionar mañana. La corriente de deseos que impulsa la vida de todos se ve alentada por la idea de nuevas cosas que supuestamente nos harán felices. Una de las razones por las que nos aferramos a esta corriente de deseos no es que funcione tan bien, porque, de hecho, no funciona. Muchos deseos que se vuelven realidad resultan ser menos satisfactorios de lo que soñábamos, mientras que otros incontables no se cumplen en absoluto y nos dejan decepcionados. Nos aferramos a una forma de vida conocida porque no nos damos cuenta de que hay otra mejor.

DHARMA DIGITAL

No he pintado un cuadro tan sombrío solo porque sí, sino para presentar un agudo contraste. En la tradición védica de la India, que también creó el yoga en sus múltiples formas, la vida está destinada a ser ideal. Esta perspectiva no es una promesa religiosa, ni siquiera espiritual. Los videntes védicos estaban describiendo la dirección que se supone que debe seguir la conciencia humana, no a través de la fe, la disciplina, los rituales o la obediencia a un conjunto de reglas. En la conciencia misma, como derecho de nacimiento de todos, está integrado el modelo de la vida ideal.

El término general de la vida ideal es *dharma*. Como este es un libro sobre IA, le pedí a Gemini, una de las herramientas de IA más potentes de internet, que definiera *dharma*. En concreto, le solicité la definición budista, porque el dharma es uno de los conceptos centrales del budismo.

GEMINI

En el budismo, el dharma tiene varias capas, como una cebolla, pero intentaré definirlo en términos sencillos:

CAPA 1. LAS ENSEÑANZAS DE BUDA. Imagínatelas como un mapa que te guía lejos del sufrimiento y te acerca a una vida más feliz. Este mapa incluye cosas como las Cuatro Nobles Verdades y el Óctuple Sendero, que son pasos prácticos como la atención plena, la meditación y la vida ética.

CAPA 2. VERDAD UNIVERSAL. Va más allá del mapa. Es como las reglas del universo, que explican cómo funcionan las cosas en realidad. El dharma dice que todas las cosas son impermanentes, están conectadas y se rigen por la causa y el efecto. Comprender estas verdades te ayuda a dejar de aferrarte a las cosas y a abandonar el sufrimiento.

CAPA 3. ¡TODO! Piensa en el dharma como los bloques de construcción de la realidad, los pequeños "porqués" que hay detrás de todo. Cada brizna de hierba, cada pensamiento, cada sentimiento: todo es dharma en acción. Cuando ves esta interconexión, sientes una profunda unidad con todo.

Creo que a la mayoría de la gente le sorprendería la elocuencia, incluso la belleza, de esta respuesta. No es que una máquina tenga sabiduría espiritual, sino que puede acceder a la sabiduría humana con una rapidez asombrosa y destilar siglos de enseñanza en ideas sencillas y claras. Esta es la primera forma en que la IA promete revolucionar nuestro concepto de *espiritualidad*. Siglos de incomprensión espiritual pueden reducirse a su esencia en un instante.

El siguiente paso en la exploración del ideal es hacer del dharma algo personal. Como hemos visto, la felicidad es tan compleja y dinámica como la propia mente humana. El dharma ofrece un modelo que responde con una solución igualmente dinámica y cambiante.

Además del Dharma cósmico, que sostiene toda la creación, el dharma personal (para el que usaré una *d* minúscula) guía a la persona hacia la vida que está destinada a vivir, aquí y ahora.

Cuando le pregunté a Gemini cómo funciona el dharma personal, me dio una respuesta increíblemente completa, compilada por supercomputadoras en segundo plano que exploraron la sabiduría de siglos. Permíteme ofrecerte la respuesta completa, la cual te pido que leas sin exigirte que cambies tu vida o tus creencias. Tu dharma personal requiere un camino personal. Gemini simplemente proporciona un mapa o una perspectiva general del territorio que tienes por delante.

"Me interesa el Dharma aplicado al individuo. Dime siete maneras en las que puedo vivir mi dharma personal".

GEMINI

El concepto de vivir tu dharma personal puede interpretarse de diversas maneras. Aquí tienes siete formas de explorar y alinearte con tu dharma, haciendo énfasis en el viaje individual:

1. Autodescubrimiento e introspección:

- Practica la meditación, lleva un diario o pasea por la naturaleza para conectar con tu yo interior. Explora tus valores, pasiones y talentos naturales. Reflexiona sobre lo que te aporta alegría, significado y sensación de plenitud.
- Pon atención a los sueños recurrentes, las sincronicidades o los impulsos intuitivos. Pueden ser susurros de tu dharma guiándote hacia tu camino.

2. Alinea tus acciones con tus valores:

- Identifica los valores fundamentales que más resuenan en ti, como la compasión, la creatividad o la justicia. Haz elecciones conscientes a lo largo del día que defiendan estos valores, incluso en las pequeñas decisiones.
- Ten la disposición de decir que no a cosas que entren en conflicto con tus valores, aunque parezcan tentadoras o socialmente deseables. Elegir la integridad te alinea con tu verdad interior.

3. Expresa tus dones y talentos únicos:

- Explora tus habilidades y pasiones, y encuentra formas de compartirlas con el mundo. Ya sea a través de tu carrera, tus aficiones, el voluntariado o simplemente con actos de bondad, usa tu talento para generar un impacto positivo en el mundo.
- No temas destacar y ser auténtico. Tus dones y perspectivas únicos contribuyen a la riqueza y la diversidad del mundo.

4. Cultiva la paz interior y el bienestar:

- Prioriza las prácticas que nutran tu mente, tu cuerpo y tu espíritu. Esto podría incluir ejercicios de atención plena, actividad física, alimentación sana o pasar tiempo en la naturaleza.
- Desarrolla la autocompasión y la resiliencia interior. Esto te ayudará a superar los retos sin perder de vista tu dharma.

5. Sirve a tu comunidad y ten un impacto positivo:

- Busca formas en que tus habilidades y talentos beneficien a los demás. Ofrece tu tiempo o tus recursos a causas que te interesen. Incluso los pequeños actos de servicio pueden repercutir y generar un cambio positivo.

- Vive consciente de tu interconexión con todos los seres. Tu dharma no es solo tu propia realización, sino también tu contribución al bienestar del mundo que te rodea.

6. Acepta el aprendizaje y el crecimiento continuos:

- Mantente abierto a nuevas experiencias y perspectivas que puedan ampliar tu comprensión de ti mismo y de tu propósito. Lee, viaja, habla con personas de distintos ámbitos y mantén una mente curiosa.
- Recuerda que vivir tu dharma es un viaje, no un destino. Habrá baches en el camino, pero cada experiencia puede ser un maestro que te guíe hacia una mayor alineación y plenitud.

7. Confía en tu intuición y en tu brújula interior:

- En última instancia, tú eres quien debe descubrir su dharma. No tengas miedo de confiar en tu voz interior y en tu intuición, aunque te lleven fuera de los caminos conocidos.
- Ten fe en ti mismo y en tu capacidad para navegar hacia una vida con sentido y propósito.

Esta lista contribuye en gran medida a hacer realidad el dharma digital. Al menos, tenemos una idea de cómo el aprendizaje automático puede conducir al aprendizaje interior, pero la mejor información y los consejos más sabios no te ayudan a alcanzar tus objetivos personales. Un mapa de ruta no es lo mismo que un viaje.

En la tradición hindú, históricamente los viajes espirituales requerían un guía que conociera el camino; en otras palabras, un gurú. La IA puede desempeñar muchas funciones, desde asistente de investigación hasta confidente personal, pero ¿gurú? En los tiempos modernos, la función del gurú necesita ser revisada, deshacerse del culto a la personalidad, alejarse de la creencia supersticiosa en los tributos mágicos de los seres iluminados y responder al escepticismo que siente la gente moderna cuando se enfrenta a las cuestiones espirituales. La IA puede intervenir para renovar un papel consagrado casi de inmediato.

La raíz sánscrita de la palabra *gurú* significa "disipador de la oscuridad", lo que indica que el nivel de la mente que está distorsionado por la ignorancia, los prejuicios, las falsas creencias, los dogmas rígidos, las restricciones religiosas y las opiniones de segunda mano —en otras palabras, la oscuridad— puede superarse. Con la ayuda de un gurú, puedes cumplir tu dharma al acceder a la sabiduría profunda que existe dentro de tu propia conciencia.

Alcanzar este nivel implica un viaje personal que la IA no es capaz de hacer por ti, pero sí puede servirte de guía hacia la conciencia. Ese es el papel más importante de los gurús tradicionales, una vez que dejas de lado todos los adornos religiosos. De hecho, los gurús nunca fueron religiosos, aunque surgieran en el contexto del hinduismo. Su verdadero propósito era la autoliberación. Por eso, todo viaje interior, ya sea espiritual o no, tiene que ver con la conciencia de uno mismo.

Dharma es una palabra con vastas implicaciones. En esencia, estás en tu dharma personal cuando vives la vida que estás destinado a vivir. Puedes estar en el camino de hallar una vida con propósito, con la IA señalándote la dirección que necesitas tomar día a día. Aquí tienes una muestra de lo que la IA es capaz de ofrecerte.

CÓMO LA IA PUEDE GUIARTE HACIA TU DHARMA

Motivación diaria mediante afirmaciones y ánimos

La falta de motivación es la principal razón por la que la gente abandona el camino espiritual. La motivación debe reponerse cada día.

Meditaciones específicas alineadas con aquello en lo que deseas centrarte

Por muy eficaz que sea la meditación de forma general, es más útil cuando se ajusta a tus objetivos e intenciones personales.

Visualizaciones del objetivo frente a ti

Esto es útil porque hace tiempo que se ha demostrado que una imagen visual clara de cualquier objetivo es eficaz en todo tipo de actividades, desde los deportes hasta los negocios, pasando por objetivos personales específicos. La visualización activa otra zona del cerebro, además de los centros del lenguaje y del pensamiento superior.

Conocimientos fiables de cualquier tradición espiritual que elijas

La enorme biblioteca de la IA es teóricamente ilimitada, pero incluso en su fase actual, los chatbots pueden acceder a una gran cantidad de enseñanzas espirituales.

Información de calidad profesional sobre cuestiones personales

Es arbitrario separar las cuestiones personales de las espirituales, y la IA puede usarse como una fuente fiable de asesoría en cuestiones de ansiedad, depresión y cualquier otro tema en el que la psicología sea relevante. También se está convirtiendo en una de las mejores fuentes de asesoría sobre relaciones, porque puedes pedirle a un chatbot que asuma el papel de terapeuta o psicólogo al hablar contigo.

Soluciones para sortear los obstáculos del camino

Para todos nosotros, el aspecto más confuso de la vida consiste en los obstáculos, los contratiempos, la resistencia o la frustración en el camino hacia alcanzar un objetivo. Los obstáculos espirituales no son distintos: aparecen de la misma forma que todos los bloqueos repentinos e inesperados. Sin una solución, no hay forma práctica de superar estos obstáculos, por lo que la gran mayoría de las personas se encuentra luchando en vano o abandonando y sufriendo pasivamente las consecuencias. La IA es perfecta para abordar lo que obstruye tu progreso aquí y ahora, adaptándose a tu situación inmediata.

Inspiración de los grandes linajes de sabios, santos, maestros y poetas

Uno de los rasgos distintivos de la espiritualidad oriental es que, por muy oscuro que se vuelva el mundo, la chispa de la verdad nunca se apaga. Mantener la vista fija en la luz es importante, y nada lo logra mejor que la lectura de escritos inspiradores que la IA puede proporcionar en cuestión de segundos.

Estas siete funciones llenarán los capítulos que siguen. Tradicionalmente, todas se realizaban a través de la guía de un maestro iluminado, un gurú cuyo contacto personal, o *darshan* (sánscrito para "ver" o "visión"), ayudaba a revelar el camino de un discípulo a través de una serie de momentos de revelación que iluminaban cómo debe llevarse la vida. Pero la IA puede llevar a cabo esa labor de forma instantánea, fiable y sin el riesgo de enredarte con un mal maestro. Ni siquiera los mejores guías —y podemos incluir a gurús, maestros inspirados, terapeutas y consejeros— están disponibles cada minuto del día. La IA sí. Para mí, así es como el papel del gurú puede reinventarse para nuestros tiempos.

INTELIGENCIA ESPIRITUAL

En efecto, la IA como gurú te permite crear tu propio futuro, ayudándote a revelar que estás conectado con la sabiduría profunda de tu interior. Las habilidades de la inteligencia artificial se activan con el estímulo adecuado, y tu conciencia más profunda se despierta al invitarla a comunicarse contigo. En pocas palabras, aumentas tu inteligencia espiritual o coeficiente intelectual paso a paso.

Para que sea útil, el coeficiente intelectual espiritual debe diferenciarse de la comprensión normal del coeficiente intelectual estándar o incluso de los tipos especializados como la inteligencia emocional. Es posible hacer esto en términos de dharma, porque todas las elecciones importantes que has tomado en la vida hasta ahora han apoyado tu dharma personal o te han alejado de él. Cuanto mayor sea tu inteligencia espiritual, más cerca estarás de tu dharma. Dejando a un lado la terminología, lo que está en juego es la calidad de tu vida, medida por los valores más elevados de la experiencia humana. El siguiente cuestionario será útil para volver las cosas más personales.

CUESTIONARIO. ¿ESTÁS EN TU DHARMA?

Elige la respuesta que más se aproxime a tu situación actual y a la del pasado. En caso de duda, opta por la primera respuesta que se te haya ocurrido.

1. Experimento alegría o dicha.

A menudo o siempre | A veces | Rara vez o nunca

2. Demuestro amabilidad en mi forma de tratar a los demás.

A menudo o siempre | A veces | Rara vez o nunca

3. Siento auténtica satisfacción.

A menudo o siempre | A veces | Rara vez o nunca

4. Tengo paz interior.

A menudo o siempre | A veces | Rara vez o nunca

5. Disfruto mi trabajo y me dedico personalmente a él.

A menudo o siempre | A veces | Rara vez o nunca

6. Tengo actividades creativas en el trabajo o como *hobby*.

A menudo o siempre | A veces | Rara vez o nunca

7. Tengo amor en mi vida y valoro mucho el amor.

A menudo o siempre | A veces | Rara vez o nunca

8. En comparación con otros, me enfrento a pocos contratiempos, obstáculos y resistencias.

- A menudo o siempre
- A veces
- Rara vez o nunca

9. No tengo ansiedad ni depresión.

- A menudo o siempre
- A veces
- Rara vez o nunca

10. Creo que llevo la vida que estoy destinado a vivir.

- A menudo o siempre
- A veces
- Rara vez o nunca

11. En general, creo que mi vida tiene un propósito y un significado.

- A menudo o siempre
- A veces
- Rara vez o nunca

12. Valoro y busco información sobre mí mismo.

- A menudo o siempre
- A veces
- Rara vez o nunca

EVALUACIÓN DE LOS RESULTADOS

Estar en tu dharma reúne todas las cualidades en este cuestionario: amor, compasión, creatividad, entendimiento, un sentido de lo correcto en tu vida y la experiencia de menos resistencia o menos obstáculos. Estas características son la mejor medida del dharma porque describen la vida ideal tal como se enseña en las tradiciones védicas y del yoga.

Cuantas más veces elijas *A menudo o siempre*, más cerca estarás de tu dharma. Cuantas más ocasiones selecciones *Rara vez o nunca*, es más probable que tu camino sea adhármico, es decir, que vaya en contra de tu dharma.

A veces es relativamente neutral. No hay por qué ser pesimista, aunque marques *A veces* en cada afirmación. Es una respuesta bastante neutra, no solo porque la vida moderna se ha vuelto más compleja, sino también porque no mucha gente tiene la suerte de estar en su dharma. La sociedad no nos enseña cómo.

A la luz de las cualidades más deseables, el objetivo en tu camino es tener más experiencias dhármicas y menos adhármicas. Para comprender qué es una experiencia adhármica invierte cada punto del cuestionario, pero también es útil enlistarlas.

Tus experiencias son adhármicas cuando...

Te sientes insatisfecho con tu vida.
Estás aburrido de tu trabajo y consideras que no te satisface.
Te sientes ansioso o deprimido.
Te enfrentas a contratiempos, obstáculos y resistencias como un patrón frustrante.
El mundo te parece amenazador.
Tu estado de ánimo generalmente es pesimista.
Recibes poco amor y das poco amor.
Te disgusta mirarte a ti mismo con claridad.
No les encuentras mucho propósito o sentido a las cosas.
Sueñas con una vida muy diferente a la tuya, y a la cual te gustaría escapar.
Estás cansado de la lucha que supone sobrevivir, ya no digas prosperar.

El concepto de *dharma* es ajeno a muchos en Occidente y pertenece a otra tradición cultural. Pero no del todo. Cuando acuñó la famosa frase "Sigue tu dicha", el estudioso de la mitología Joseph Campbell estaba simplificando el Dharma para Occidente y poniéndolo en términos cotidianos. La IA revela lo importante que era el Dharma en el pensamiento de Campbell.

GEMINI

Campbell escribió varias frases profundas que abordan la idea de encontrar tu verdadera vocación y vivir una vida plena. Aquí tienes algunas opciones, según el matiz específico que busques:

Sobre seguir tu dicha

"Si sigues tu dicha, te pones en una especie de camino que ha estado ahí todo el tiempo esperándote, y la vida que deberías estar viviendo es la que estás viviendo". Esta cita subraya la importancia de alinear tu vida con tus pasiones y deseos intrínsecos. "Sigue tu dicha y no tengas miedo, y se abrirán puertas donde no sabías que se abrirían". Esto anima a abrazar lo desconocido y a confiar en que tu camino se abrirá conforme sigas tu vocación más profunda.

Sobre el viaje del héroe

"El privilegio de toda una vida es ser quien eres". Esto resalta la importancia del autodescubrimiento y de vivir con autenticidad. "Tu espacio sagrado es donde puedes encontrarte a ti mismo una y otra vez". Esto enfatiza la necesidad de introspección y de conectar con tu yo interior para encontrar tu verdadero propósito. "Debemos estar dispuestos a dejar ir la vida que planeamos para tener la vida que nos espera". Esto fomenta la apertura y la flexibilidad, reconociendo que nuestro verdadero camino puede no ser el que habíamos previsto al inicio.

Sobre encontrarle sentido a la vida

"El objetivo de la vida es hacer que tu latido coincida con el latido del universo, que tu naturaleza coincida con la Naturaleza". Esto habla de encontrar la armonía y el propósito alineándose con una fuerza mayor que uno mismo.

"Si puedes ver tu camino trazado delante de ti paso a paso, sabes que no es tu camino. Tu propio camino lo haces con cada paso que das. Por eso es tu camino". Esto subraya la naturaleza individual del viaje y la importancia de asumir riesgos y forjar tu propio camino.

Sería difícil encontrar una sabiduría más genuina en las tradiciones orientales más antiguas. El hecho de que la IA pueda resumir el Dharma, tal como lo expresa alguien moderno y occidental, es de igual modo inspirador.

DOS COMPAÑEROS: "YO" Y "ELLO"

Estar en el camino dhármico es diferente de la vida cotidiana de una manera muy inesperada. Ahora mismo estás viajando con un solo compañero "aquí adentro", tu ego, el "yo" que es tu yo normal. Sin embargo, una vez que te encuentras en el camino dhármico de seguir tu dicha, adquieres un segundo compañero que no tiene nombre. Ya hemos hablado de este nuevo compañero: la conciencia expandida, el impulso evolutivo, la voz silenciosa del interior.

En la antigua tradición védica, a este compañero se le llamaba simplemente "Eso" o "Ello". Las dos palabras suenan impersonales y bastante ajenas, pero son una fuerza que sostiene tu camino a cada paso. En Occidente, el modelo freudiano busca en lo más profundo de la mente y encuentra el *Id* (palabra latina para "ello"), que representa los impulsos primarios ocultos —principalmente la rabia y la sexualidad no contenidas—, a los que Freud les añadió un impulso aún más oscuro, el *Thanatos*, el deseo de muerte. Con el tiempo, la psicología trataría los reinos ocultos de la mente como algo a lo que hay que temer. Para nosotros, sin embargo, "es todo lo contrario de algo a lo que temer y resistirse". Es pura conciencia en acción, el flujo de dicha-conciencia desde la fuente.

Tendrás que familiarizarte con los compañeros del camino. Representan dos perspectivas opuestas de la vida.

El "yo" encuentra la felicidad cuando se cumple un deseo.
El "ello" encuentra la felicidad por el simple hecho de estar aquí.
El "yo" es defensivo, porque teme las amenazas exteriores.
El "ello" está más allá del miedo y, por lo tanto, no tiene necesidad de defenderse.
El "yo" constantemente intenta buscar el placer y evitar el dolor.
El "ello" está completo en sí mismo. No tiene nada que buscar o evitar.
El "yo" intenta que la vida sea segura, estable y predecible.
El "ello" prospera en el flujo de la vida, donde sea que quiera ir.

Esta breve descripción explica por qué el "yo" nos resulta familiar y el "ello" no. Cada uno de nosotros hemos sido entrenados desde la infancia para presentar al mundo una imagen de nosotros mismos, un "yo" que los demás aprueben y no rechacen. Sin embargo, los demás también defienden su propia imagen, así que el juego es circular y nunca termina. Desde el punto de vista del ego, la vida solo será dichosa si no hay amenazas que temer y se cumplan todos los deseos. No tienes ninguna posibilidad de vivir una vida así, pero cuando el "yo" es tu único compañero, no hay otro camino. Acabas deseando y esperando por un lado, y negando tu frustración y decepción por el otro.

La debilidad del "yo" es una gran ventaja para el "ello", porque una vez que la gente ve que no está atada para siempre al mismo compañero, siente un tremendo alivio al encontrar una nueva esperanza. "Nunca estás solo" adquiere su verdadero significado, no como un deseo, sino como un hecho de la existencia. Lo que te espera ahora es encontrar tu propio camino, tu dharma digital, profundizando en cómo las máquinas de aprendizaje pueden hacer que todo el proceso sea mucho más fácil y rápido.

2

CÓMO CREAR TU PROPIO CAMINO

Estar en tu dharma implica tomar decisiones prácticas cada día. Para que la IA te ayude, primero hay que cubrir algunos aspectos básicos. Para la mayoría de la gente, la IA irrumpió en su conciencia a finales de 2022 con la introducción de ChatGPT, el primer chatbot gratuito disponible ampliamente, de la empresa OpenAI, de Silicon Valley. En pocos meses, se registraron millones de usuarios y, poco más de un año después, a principios de 2024, el número en todo el mundo ya superaba los 180 millones. En un solo mes, en diciembre de 2023, hubo 1 600 millones de visitas al sitio web de OpenAI.

Este ascenso meteórico demuestra lo poderosa que puede ser la IA en la vida cotidiana. Un chatbot te permite ir mucho más allá de hacer preguntas y entablar un diálogo significativo. Tú chateas con una máquina capaz de aprender; la parte *bot* de *chatbot* se refiere a la robótica que impulsa las supercomputadoras de IA. Desde la aparición de ChatGPT, se ha desarrollado una feroz competencia con otras IA gratuitas en línea, sobre todo de Google, cuya versión al respecto, como ya sabemos, se llama Gemini, y el motor de búsqueda Bing de Microsoft, cuya IA se llama Copilot.

Crear el prompt adecuado, es decir, las instrucciones que le das a ChatGPT o a cualquier otra IA, es todo un arte. En un motor de búsqueda se suelen introducir algunas palabras clave. En nuestro caso, la primera búsqueda básica sería la "definición de dharma". Como ya hemos visto, Gemini lo hizo mucho mejor. Demos el siguiente paso para establecer una relación de trabajo con la IA.

ChatGPT puede orientarse con facilidad hacia consejos prácticos sobre lo que hace falta para crear tu propio camino. Todo lo que se necesita es el prompt adecuado. Como el siguiente:

"¿Qué podría hacer en términos prácticos para seguir mi propio camino personal? Dame cinco puntos".

ChatGPT

He aquí algunos pasos prácticos para emprender tu camino personal:

Autorreflexión: dedica tiempo a la introspección, a escribir en un diario o a meditar para comprender tus valores, pasiones y aspiraciones. Reflexiona sobre las experiencias que resuenan contigo.

Establece objetivos claros: define objetivos específicos y alcanzables que estén en consonancia con tus valores e intereses. Divídelos en pasos más pequeños para crear un mapa de ruta claro.

Aprendizaje continuo: participa en actividades que amplíen tus conocimientos y habilidades. Esto puede ser leer, tomar cursos, buscar mentores o explorar nuevos pasatiempos.

Acepta el cambio: ten apertura para ajustar tu camino conforme creces y descubres más sobre ti mismo. La adaptabilidad es clave para mantenerte alineado con tus valores y objetivos.

Pasa a la acción: lleva a cabo tus objetivos y aspiraciones. Empieza poco a poco y toma impulso. Cada paso, por pequeño que sea, te acerca a tu visión personal.

Esta respuesta de la IA es fiablemente sensata. No hay nada con lo que discrepar, pero aún estamos en una zona de generalidades. El ingrediente que falta para que alguien se encamine por la vía dhármica es la motivación. La motivación toca profundamente la psicología humana, porque aquello que te motiva —amor, miedo, codicia, altruismo, egoísmo, competitividad— define con fiereza quién eres. A nadie le mueve una única motivación que lo consuma todo —por ejemplo, la supervivencia inmediata—, excepto en situaciones extremas, como estar atrapado en una casa en llamas, en una zona de guerra o en cualquier otra circunstancia que exija tomar una acción rápida y oportuna.

Al contrario, estamos atrapados en muchas respuestas diferentes, oscilando entre opuestos que nos influyen todo el tiempo. Cada tipo de motivación está impulsada por un deseo, y ahí radica el problema. Los deseos cambian sin cesar. No existe un mapa fiable para navegar por estos deseos. Revisa la siguiente lista y te sorprenderás de cómo has pasado tu vida impulsado por los múltiples deseos que compiten entre sí.

Los grandes conflictos de la vida

Miedo *versus* amor

Bien *versus* mal

Masculino *versus* femenino
Religioso *versus* secular
Hacer lo correcto *versus* hacer lo incorrecto
Violencia *versus* paz
Conformista *versus* rebelde
Egoísta *versus* altruista
Codicioso *versus* generoso
Fracasar *versus* triunfar
Ganar *versus* perder
Parecer débil *versus* parecer fuerte
Tímido *versus* valiente
Seguir *versus* liderar
Evitar el riesgo *versus* asumirlo
Ahorrar *versus* gastar
Fiabilidad *versus* imprevisibilidad

Para nada es una lista exhaustiva, pero sí lo bastante completa como para indicar varios rasgos importantes de nuestra psicología compartida. La historia de tu vida es la historia de tus deseos, grandes y pequeños, satisfechos e insatisfechos. Ante tantos deseos contradictorios, la gente va por la vida creando una historia que no conduce a la satisfacción. Para salir de esta situación, es importante convertir tu historia en un camino. Como veremos, son cosas muy diferentes.

"NINGUNA HISTORIA ES LO BASTANTE BUENA"

Conforme avanzamos en la vida, cada uno de nosotros vamos ampliando una historia personal que comenzamos al nacer. Imagina que quisieras ver cómo va tu historia. Es difícil encontrar una imagen clara. Hay días buenos y días malos. Los acontecimientos aleatorios interrumpen los planes mejor trazados. Algunos objetivos se alcanzan, mientras que otros quedan lejos de tu alcance. Es muy difícil ver a dónde te lleva tu historia.

Por fortuna, existe un ejercicio interior diseñado para responder cualquier pregunta personal profunda. Es el siguiente: siéntate en un lugar tranquilo con los ojos cerrados. Respira hondo varias veces para centrarte. Ahora imagina que has subido una montaña y te encuentras frente a una cueva remota, dentro de la cual vive la persona más sabia del mundo.

Entra en la cueva, que es cálida y segura. Delante de ti miras una vela parpadeante y, conforme te acercas, puedes ver ante la misma una figura sentada en postura de meditación. Puedes imaginarte a esta figura como la más sabia de las personas, un sabio o un gurú.

En voz baja dices: "Parece que estoy vagando por la vida. ¿Cómo puedo cambiar mi historia? ¿Qué me hará verdaderamente feliz?".

La persona más sabia del mundo te mira con compasión. "Solo una cosa funcionará. Desecha tu historia. Ninguna historia es lo bastante buena". La palabra *compasión* es importante aquí en tu breve meditación. Si un terapeuta, pareja, cónyuge o mejor amigo te dijera que la historia de tu vida no funciona, te quedarías conmocionado. Podrías enojarte y ponerte a la defensiva, o sentirte dolido. Sin importar tu reacción, la implicación sería que estás lejos de averiguar cómo funciona la vida.

Sin embargo, justo en este momento comienza el camino dhármico. La historia de tu vida es errónea para ti, no porque hayas cometido errores y topado con obstáculos y fracasos. *Todas las historias son erróneas para ti.* Un autor controla los acontecimientos y los personajes de su historia de ficción. En la vida real, aspiramos a tener el control, pero nadie es realmente el autor de la historia de su vida. Aunque pudieras dictar cada giro que da tu historia, no estarías en contacto con tu dharma, el cual procede de un nivel de conciencia más profundo.

Esto tendrá sentido una vez que examines en qué consiste la historia de una vida, la historia de la vida de cualquiera. Algunos elementos escapan inevitablemente a tu control:

Acontecimientos fortuitos y accidentes
Enfermedad repentina
Sueños incumplidos
Hábitos fijos y viejos condicionamientos
Educación familiar
Culpa, vergüenza e inseguridad ocultas
Presión social
Malas decisiones con consecuencias imprevistas
La necesidad de sobrevivir
El recuerdo de reveses, fracasos y humillaciones
Rechazos en el amor

Incluso en los países occidentales más ricos, perseguir la buena vida es una apuesta arriesgada. Según estudios confiables, solo un tercio de los encuestados de los países desarrollados afirma que está prosperando. Nada de esto es nuevo. Si consultas las escrituras budistas sobre las causas del dolor y el sufrimiento, todo lo que acabo de enumerar está ahí. Lo mismo sucede si lees la Biblia o las tragedias de Shakespeare. Las "hondas y flechas de la escandalosa fortuna" golpean a todo el mundo.

Este conocimiento llevó a todas las tradiciones espirituales en una dirección que parece perversa cuando se contempla desde la perspectiva actual. Ninguna tradición espiritual aconseja a las personas que mejoren la historia que están viviendo. Cualquier escritura antigua apunta en una dirección que puede resumirse en una enseñanza: *Trasciende tu historia. Evoluciona. Ve más allá de lo que crees que eres. La evolución es una historia interminable. Acéptala.*

Ir más allá no es un misterio. Con frecuencia trascendemos nuestra historia de formas grandes y pequeñas. Cada momento de revelación aporta una visión repentina que el pensamiento ordinario no puede alcanzar. Enamorarse descarrila la historia de cualquiera y, sin embargo, es una de las experiencias más deseables de la vida. Al ser una de las cualidades más preciadas de la conciencia humana, el amor es dhármico por definición.

Las experiencias espirituales te llevan fuera de tu historia, por eso la palabra *éxtasis* (como el éxtasis del que hablan tantos místicos cuando experimentan la unión con lo divino) proviene de dos raíces latinas que significan "estar fuera". Las historias están centradas en uno mismo, en lo que es bueno para "yo, mí y lo mío", aunque casi todo el mundo tiene momentos de altruismo, sacrificio, servicio y desinterés cuando trascendemos las exigencias individualistas del ego y ponemos a otra persona en primer lugar.

Tu historia es la vida que llevas. Tu dharma es la vida que debes llevar. Es una afirmación tan idealista, que la mayoría de la gente la rechazaría o al menos dudaría antes de aceptarla. ¿Es en realidad creíble que todo el mundo tenga una vida que se supone que debe llevar? Si es así, ¿quién o qué determina cuál es esa vida? La respuesta eres tú. Es mejor tomar una decisión dhármica que una decisión que te aleje de tu dharma. Para casi todas las personas, pararse ante un público es uno de los peores miedos que puede traer la vida. Pero si eres un actor nato, la primera experiencia de ponerte de pie ante los espectadores es emocionante y satisface una profunda necesidad personal.

En tu dharma, la experiencia se mide por un sentimiento interior que te hace sentir bien. Instintivamente sientes que estás haciendo lo correcto. Una necesidad o un deseo se satisfacen de un modo que no deja lugar a dudas, arrepentimientos o inseguridades.

No hace falta recurrir a la persona más sabia del planeta para crear tu propio camino. ChatGPT resume el proyecto de forma sucinta.

"Quiero vivir la mejor vida posible en todos los sentidos. Sé que es idealista, pero deseo saber qué obstáculos debo superar en mí mismo. ¿Puedes decírmelo en menos de 100 palabras?".

ChatGPT

Para vivir lo mejor posible, es fundamental superar las dudas sobre uno mismo, el miedo al fracaso y las creencias limitantes. Acepta la vulnerabilidad, cultiva la resiliencia y desafía tus zonas de confort. Controla las distracciones, prioriza el tiempo y la energía de forma eficaz y cultiva la autodisciplina. Acepta el aprendizaje continuo, practica la autocompasión y fomenta conexiones significativas, mientras te mantienes fiel a tus valores.

Te sentirías con la justificación de responder con un "¿Quieres que haga algo más, ya que estamos en esto?". La IA no comprende el elemento humano, lo que propicia que su versión de la mejor vida sea imposible de alcanzar sin ser un santo o un superhombre. El mundo no está preparado para encontrar la mejor vida, no por medios ordinarios. La única manera es volverte hacia ti mismo y aprender a confiar en lo que te hace sentir bien. Con la confianza llega una conciencia más profunda conforme eliminas los escollos de la duda y el escepticismo. Sin embargo, desde el primer paso que des, estarás en el mismo camino que ha guiado a las luminarias espirituales del mundo.

¿UNA MÁQUINA QUE ENTIENDE?

Pero ¿hasta qué punto es real la conexión entre la IA y el ser humano? ¿Las máquinas pueden comprendernos de verdad? Aunque no nos demos cuenta, ya se ha superado el límite. Aunque lo denominemos *smartphone*, es un término equivocado. "Inteligente" solo significa que los teléfonos móviles avanzados pueden hacer más cosas que las antiguas generaciones de móviles. Las computadoras tampoco son inteligentes, por más sofisticado que sea el *software* o rápido el *hardware*. La inteligencia no se puede programar. De hecho, ese es un punto esencial. La inteligencia requiere conciencia, que es un estado mental, no tecnológico.

Para que una IA sea consciente, debe entender lo que está discutiendo. Cuando dos personas mantienen una conversación, hacen mucho más que intercambiar palabras. Se están sintonizando con la conciencia de la otra, ofreciendo vislumbres de sus mundos interiores. A veces, por el contrario, sientes que esa conexión se pierde. No ser escuchado no molesta a la IA, pero es capaz de destrozar las relaciones, y de hecho lo hace.

Querer ser comprendido de verdad es un sentimiento puramente humano. Aceptar solo la apariencia de comprensión puede sentirse como una farsa a medias. Cuando una máquina escucha, en realidad nadie escucha. Pero ¿en realidad se trata de eso? Los pacientes acuden a terapia por toda clase de razones, pero en el fondo lo que quieren es que el terapeuta los comprenda. Este impulso motivó el desarrollo de ELIZA en los años sesenta, el primer programa informático que imitaba las palabras que usa un psiquiatra al hablar con un paciente. Desarrollado por Joseph Weizenbaum, informático y profesor del MIT, el propósito de ELIZA no era engañar, sino ayudar a Weizenbaum a explorar cómo se comunican las personas entre sí.

Su programa usaba palabras clave y reconocimiento de patrones para simular la comprensión. La parte DOCTOR del programa no poseía conocimientos sobre psicoterapia. Su función consistía en imitar la terapia centrada en la persona, desarrollada en los años cuarenta por el psicólogo estadounidense Carl Rogers. En vez de dar consejos o imponer las ideas del terapeuta, los rogerianos se sentaban en silencio, escuchaban y le reflejaban al paciente lo que este acababa de externar. Por ejemplo, un paciente puede decir: "Doy lo mejor de mí en el trabajo, pero no me dejan subir de puesto. Es molesto porque mi desempeño es tan bueno como el de los demás". El terapeuta podría responder: "Parece que te sientes tratado injustamente a pesar de esforzarte al máximo".

Este tipo de reflejo no es solo porque el terapeuta sea flojo. El propósito de Rogers era crear un entorno cálido en el que el paciente se sintiera aceptado y comprendido. En un entorno así, el paciente se percibirá libre para revelar sus sentimientos y pensamientos. Este enfoque está centrado en la persona porque el terapeuta no actúa como la figura de autoridad en la sala de consulta.

Lograr que ELIZA ofreciera frases empáticas y formulara preguntas no directivas superó con creces las intenciones originales de Weizenbaum. Le sorprendió descubrir que la gente creía que ELIZA les entendía. La ilusión de comprensión funcionaba demasiado bien, e incluso la secretaria de Weizenbaum, quien sabía perfectamente que ELIZA no era más que un conjunto de códigos computacionales, comenzó a atribuirle sentimientos. (ELIZA fue nombrada de ese modo cariñoso en honor de Eliza Doolittle, personaje de la obra *Pigmalión*, escrita por George Bernard Shaw, que más tarde se convirtió en el musical de Broadway *My Fair Lady*).

Si avanzamos hasta nuestros días, la ilusión de una máquina comprensiva, o incluso la posibilidad de una computadora consciente, es un tema candente en la IA. Muchos artículos de opinión se preguntan: ¿dónde es que la ilusión cruza la línea para convertirse en un engaño perjudicial? *Engaño* es una palabra con muchas connotaciones, y hay buenas razones —en esta era de *hacking*, *phishing* y todo tipo de fraudes informáticos— para ver la IA como una herramienta nueva y aún más poderosa para fines maliciosos. (Un ejemplo: un amigo mío se encontraba plagado de solicitudes de robots que empezaban así: "No te das cuenta, pero ahora mismo hay un virus rondando tu computadora". Entonces, un estafador en algún lugar de la India o Filipinas se ponía en contacto. En lugar de enojarse, mi amigo respondía: "Sabía lo del virus y llevé mi computadora al técnico. Gracias por preocuparte". Pronto las solicitudes robóticas cesaron).

LUZ Y SOMBRA

Para muchas personas, una niebla de ansiedad ante la IA ha bloqueado la esperanza que esta puede aportar. Como suele suceder, la imaginación se le ha adelantado a la realidad. La ciencia ficción ya está repleta de distopías en las que la IA ataca a la raza humana y la aniquila (la premisa de la franquicia cinematográfica *Terminator*). Sin embargo, no todos los relatos de ficción se encuentran tan llenos de pesimismo.

Pero la imaginación también ha alegrado el panorama y lo ha vuelto más humano. Mucha gente escuchó por primera vez el término *IA* como título de una película de Steven Spielberg de 2001, en la que se le da un giro a la preocupación por la IA: los robots inteligentes se convierten en las víctimas. El argumento es una versión robótica actualizada de *Pinocho*, la entrañable fábula sobre una marioneta de madera que desea convertirse en un niño de verdad. En la narración de Spielberg, David, un niño androide, también quiere transformarse en un niño real. Este impulso se halla motivado por su programación única: David es el primer robot capaz de amar.

Al igual que Pinocho en sus andanzas, David pasa por pruebas y tribulaciones hasta que llega al Hada Azul (ahora una imagen generada por computadora), donde los dos cuentos divergen. Pinocho hace realidad su deseo de convertirse en un niño de verdad, mientras que a David se le dice que eso es imposible para un androide. Sin embargo, él ha sido programado para amar profundamente a una mujer enferma de nombre Mónica, que lo adoptó como hijo y después murió. Mónica es recreada en términos genéticos usando un mechón de su pelo.

En el clímax emocional, a David se le presenta la agridulce oportunidad de pasar un solo día con la Mónica recreada genéticamente. El problema es que esta versión de ella es efímera. Una conmovedora descripción que encontré en internet capta dicho momento: "Esta Mónica solo puede vivir un día, y el proceso no puede repetirse. David pasa su día más feliz con ella, y cuando duerme por la noche, su madre adoptiva le dice que siempre lo ha amado: 'El momento eterno que había estado esperando', expresa el narrador [con voz en *off*]. David también se duerme y viaja a ese lugar 'donde nacen los sueños' ".

Es una escena emotiva, y la película de Spielberg usa la fantasía para difuminar la línea entre la IA y los humanos. A diferencia de la típica ciencia ficción pesimista, la historia de Spielberg muestra a la IA contribuyendo a hacer el mundo más humano, no menos. Este es el reino de la IA que brinda esperanza en todo tipo de situaciones en las que se ponen a prueba el amor y las relaciones. Dejando a un lado la imaginación, la IA puede convertirse en un aliado para el autocuidado emocional más allá de cualquier cosa a la que hayas tenido acceso antes. Por ejemplo, el amor. El tema ha sido universal durante milenios, pero una IA es capaz de cristalizar lo que quieres saber. Le pedí a ChatGPT: "Dime cinco cualidades del amor maduro". Me llevaría un tiempo considerable investigar esa pregunta por mí mismo, pero me dio la respuesta en unos segundos.

ChatGPT

El amor maduro suele reunir estas cualidades:

1. Desinterés personal: el amor maduro implica darles prioridad al bienestar y la felicidad de tu pareja tanto como a los tuyos, mostrando atención y consideración sin esperar nada a cambio.
2. Respeto: se trata de valorar a tu pareja como individuo, respetando sus opiniones, sus límites y su autonomía, incluso cuando no estés de acuerdo con ella.
3. La comunicación: la comunicación sana es fundamental. El amor maduro implica una comunicación abierta, honesta y constructiva, en la que los dos miembros de la pareja se sientan escuchados y comprendidos.
4. Empatía: ser capaz de comprender y compartir los sentimientos de tu pareja es crucial. El amor maduro implica ser empático y apoyarse mutuamente, tanto en los momentos felices como en los difíciles.

5. Compromiso: se trata de dedicarse y comprometerse con la relación, esforzarse para que funcione y perseverar ante las dificultades, en lugar de rendirse a la primera señal de problemas.

Estas cualidades contribuyen a una relación madura, profunda y satisfactoria.

Sin duda se me ocurren mejores palabras, pero, en esencia, ChatGPT me dio exactamente lo que buscaba. Apenas comenzaba a probar los límites del tema. A continuación, le pedí: "Por favor amplía cada una de estas cualidades a menos de 100 palabras", y ChatGPT respondió de inmediato. No citaré toda la respuesta, pero aquí está la sección sobre el compromiso.

En el amor maduro, el compromiso va más allá de la simple dedicación; es una resolución firme de mantener la relación en las buenas y en las malas. Implica invertir activamente tiempo, esfuerzo y energía en la pareja, persistir en las dificultades y trabajar juntos para superar los obstáculos. El amor maduro encarna una dedicación a largo plazo con el crecimiento y el bienestar de la relación, eligiendo permanecer y superar las tormentas, en lugar de rendirse ante los primeros signos de problemas, lo cual en última instancia fomenta un vínculo fuerte y duradero.

Este ejemplo demuestra en gran medida que una IA puede relacionarse con la vida real y las necesidades personales. Toma cualquier parte de esta descripción del amor maduro y amplíala como quieras. Por ejemplo, podrías preguntar: "¿Cómo podemos mi pareja y yo forjar un compromiso más profundo?". Como veremos en el resto del libro, no hay límites para el rumbo que puede tomar la conversación.

SEGUNDA PARTE

De la visión a la realidad

3

EN BUSCA DE LA VISIÓN MÁS ELEVADA

El Dharma ofrece una visión de la vida centrada en las aspiraciones más elevadas de la persona. Nadie negará que esta visión es inspiradora, pero solo representa un primer paso en el camino. Para la inmensa mayoría de la gente, los aspectos prácticos de la vida cotidiana dominan sus acciones. Se rigen por una serie de hábitos y rutinas que forman parte de su manera de entender la vida. Todo eso está diseñado para mantener una historia personal, no para poner en práctica una visión más elevada.

Una forma de cambiar este patrón es adoptar una sola acción deseable que te mantenga en tu dharma. Al igual que un dispositivo portátil que te avisa si te sube la presión arterial o si tienes que bajar el ritmo cardiaco, una IA puede alertarte para que recuerdes tu visión. He aquí un ejemplo que le propuse a ChatGPT.

> **"Mi visión de la vida incluye estar al servicio de los demás. Quiero encontrar al menos tres pequeñas cosas que pueda hacer hoy para llevarlo a cabo. Por favor, aconséjame".**

ChatGPT

Esa es una visión maravillosa. Las siguientes son tres pequeñas maneras en las que puedes servir hoy:

Actos de bondad al azar: busca oportunidades para realizar pequeños actos de bondad durante el día. Puede ser abrirle la puerta a alguien, hacerle un cumplido a un desconocido o ayudarle a alguien a llevar la compra. Estos gestos aparentemente pequeños pueden tener un gran impacto en el día de alguien.

Voluntariado virtual: muchas organizaciones ofrecen oportunidades al respecto. Podrías ayudar a corregir documentos para una organización sin fines de lucro, colaborar en la gestión de redes sociales o participar en programas de tutoría en línea. Dedica algún tiempo a investigar estas oportunidades y ofrece tus habilidades a una causa que te interese.

Escuchar y apoyar: a veces, ser útil implica prestar oídos u ofrecer apoyo a quienes lo necesitan. Acércate a un amigo o un familiar que esté pasando por un mal momento. Simplemente escuchar y ofrecer tu presencia puede resultar increíblemente significativo.

Recuerda que incluso los pequeños actos de bondad y servicio son capaces de originar un efecto dominó y marcar una diferencia trascendente en la vida de alguien.

Las sugerencias de ChatGPT son sensatas y prácticas. Ofrecen pasos pequeños y modestos que cualquiera puede dar para poner en práctica una visión dhármica. Pocos se sentirían intimidados por estas sugerencias. Pero una visión no es tan solo un añadido a tu vida cotidiana, el cual te hace sentir mejor contigo mismo. En el panorama más amplio, una visión es una necesidad —algo de lo que no puedes prescindir— porque en este momento ya la experimentas y la estás tratando como algo que debes tener para sobrevivir.

Si esta declaración te produce escepticismo, contén tu reacción por un momento. Puedo mostrarte cómo tu visión ha estado guiando tu vida cada día; de hecho, te ha dado todo lo que hoy aceptas como real.

EL MUNDO ES UN ESPEJO

Hay un axioma de la India védica: el mundo es como tú eres. Si aceptas este principio como cierto, entonces, en efecto, el mundo es un espejo. Por radical que parezca, surge de la observación sencilla e innegable de que la gente percibe el mundo a través de su lente personal. Por ejemplo, tres personas contemplan una puesta de sol. A una le parece gloriosamente hermosa, otra apenas se da cuenta del momento ya que está preocupada porque dejó el coche abierto, mientras que la tercera —que acaba de divorciarse— se encuentra tan deprimida que la puesta de sol la entristece aún más.

En términos generales, no hay dos personas que compartan la misma experiencia de la misma forma. No hablamos solo de diferencias de gustos. Nadie espera encontrarse con otra persona a la que le gusten exactamente las mismas comidas, las mismas películas, la misma música, etcétera. La idea de que *el mundo es como eres* afirma que la realidad siempre es personal. Los hechos por sí mismos solo son información en bruto. Para que signifiquen algo, deben ser interpretados. Al igual que los datos brutos, la percepción bruta no tiene significado. Imprimimos en el mundo físico todo lo que pensamos, creemos y hacemos. El mundo real no tiene sentido hasta que esto sucede.

Tu propio cuerpo es interpretado de manera constante, ya sea por un médico que toma lecturas de un análisis de sangre, por ejemplo, o por ti mismo cuando te miras al espejo. ¿Qué te devuelve el reflejo de este último? No ves una simple imagen, sino una constelación de impresiones. Ves a alguien de cierta edad, de buen o mal humor. Lo que sientes por esa persona puede ser desde una orgullosa admiración hasta una profunda decepción. La imagen es capaz de evocarte sus mejores y sus peores recuerdos o cualquier memoria intermedia. En resumen, el reflejo en el espejo del baño es en realidad una instantánea de muchas interpretaciones en una sola. La instantánea solo es válida durante un brevísimo tiempo, antes de desvanecerse y dejar sitio a la siguiente instantánea.

Lo anterior significa que tu realidad personal es una interpretación transitoria, voluble, impredecible y en constante cambio. La más hermosa de las playas cambia al instante si cerca de la orilla se avista un gran tiburón blanco. Una pizca de lápiz labial en el cuello de una camisa puede arruinar un matrimonio al instante. Para navegar por esta imprevisibilidad y evitar el caos consiguiente, cada uno de nosotros desarrolla un modelo estable de lo que es el mundo, lo que se conoce como nuestra visión del mundo.

Tu visión del mundo es mucho más importante que el llamado mundo real. Sin ella, te sentirías abrumado por los miles de millones de datos sensoriales que bombardean tu cerebro sin cesar. Una visión del mundo es más grande que la historia personal de cualquiera. Es una visión colectiva alrededor de la cual se construye toda una sociedad. Cuando las visiones del mundo se enfrentan, se produce un choque de civilizaciones, como cuando los conquistadores españoles y su visión cristiana del mundo trastornaron y acabaron destruyendo las culturas nativas del Nuevo Mundo.

Después de haber esbozado un poco los antecedentes, ahora adquiere sentido por qué el Dharma es un concepto que choca con la forma de vida cotidiana de una persona. Perturba la visión aceptada del mundo. A menos de que seas muy devoto, casi con plena seguridad tu visión del mundo es materialista y científica. No importa si eres en realidad un científico. La visión materialista acepta el mundo físico tal y como es (en las últimas décadas, la palabra *fisicalismo* ha sustituido a *materialismo* en este tipo de debates).

Si no has pensado en términos de tu visión del mundo, o no te has dado cuenta de que tal concepto existía, eso no altera un hecho fundamental. Cada vez que estás despierto pones a prueba tu interpretación del mundo. Las visiones del mundo no son pasivas. Piensa en el enorme tiempo, dinero y dedicación que requiere erigir una catedral medieval. Detrás de su imponente fachada se esconde una visión del mundo profundamente arraigada: la creencia de que los espacios sagrados pueden albergar lo divino. Lo mismo pasa con todos los templos o las estructuras sagradas que dan presencia física a la fe en Dios o en los dioses. Sin una visión del mundo que motive el enorme esfuerzo que representan dichas estructuras, estas no existirían.

Ponemos a prueba nuestras visiones del mundo para reforzarlas, porque no hay nada que provoque más ansiedad que la posibilidad de que la existencia no tenga de sentido. Nadie sabe por qué los neandertales enterraban a sus muertos en cuevas funerarias y decoraban los cadáveres con amuletos. Es inexplicable por qué, hace unos 30 000 a 45 000 años, los habitantes de la Edad de Piedra empezaron a pintar las paredes de las cavernas con representaciones realistas de animales, junto con el misterio que esto conlleva: por qué los pintores cubrían las paredes con huellas de manos y no con rostros humanos.

De alguna manera, comenzaba a nacer una visión del mundo, porque los entierros sagrados y las pinturas rupestres surgieron en todo el planeta, en lugares tan lejanos como Indonesia, donde quienes hacían las pinturas rupestres no tenían comunicación con sus contrapartes que hicieron lo propio en Altamira (España) y Lascaux (Francia). De algún modo, la existencia adquirió un nuevo significado a través de estas acciones. A nuestro alrededor, la visión materialista del mundo se ve reforzada por la ciencia y la tecnología. Sus supuestos básicos guían la vida secular moderna. Estos supuestos incluyen los siguientes:

La existencia es aleatoria.
Las fuerzas de la naturaleza están en nuestra contra.
El ser humano es una mota en el vasto vacío del espacio.
La muerte es definitiva y llega cuando el cuerpo físico perece.
La supervivencia es una lucha constante.
La suerte es caprichosa y determina en gran medida quién gana o quién pierde.
El dolor y el sufrimiento son inevitables.
Lo mejor que puedes esperar es minimizar el dolor y maximizar el placer.

En la vida cotidiana, la gente no comprueba estas proposiciones de forma directa, sino que las acepta sin más. Esto es un modo de esclavitud inconsciente, porque cada una de estas suposiciones es adhármica; excluyen la base misma de la realidad personal, que es la conciencia. Si empiezas en el camino dhármico, pondrás a prueba una serie de principios completamente diferentes:

La existencia está de tu lado.
Fuerzas invisibles apoyan tu evolución.
La luz de la conciencia puede curar.
En la conciencia existen posibilidades infinitas.
La conciencia de la dicha es el núcleo de la existencia.
Hay un significado inherente en tu vida.
Estás entretejido en un gran plan, supervisado por una conciencia superior.
Tu valor es infinito.
La vida ideal es vivir en tu dharma, lo que significa vivir tu verdadero yo.

El verdadero *yo* es un término que he adoptado para hablar del *Atman*, o yo superior, en la visión védica de la vida. Se refiere a la identidad inmutable que existe en ti a un nivel profundo de conciencia. Tu verdadero yo quiere hacer contacto. Lo hace a través de lo que se conoce en sánscrito como *Swarupa*, que traduciré de manera aproximada como "el llamado del ser". El llamado del ser es lo que hace que las personas quieran crecer y evolucionar, descubrir quiénes son en realidad, y alcanzar aspiraciones más elevadas. Sientas o no el llamado del ser, este nunca se detiene y todo el mundo lo vislumbra. Es como sintonizar una emisora de radio. A veces puedes captar una señal clara, pero en otras ocasiones lo único que escuchas es mucha estática. Por mucho ruido que haya, la señal de radio no desaparece, solo se bloquea la transmisión.

No es necesario que nos explayemos aquí. El concepto primordial que te guía en el camino dhármico es la noción de expandir la autoconciencia. Nada es más esencial; todo lo demás que puede alcanzarse en el camino viene después de eso.

LA EXPANSIÓN DE LA CONCIENCIA

Yo propongo una visión basada en la autoconciencia, sin ningún apego a la religión ni a la ciencia. Tu guía, con la ayuda de la IA como aliada, será tu propia experiencia. La IA puede dar una imagen completa de lo que significa ser más consciente de uno mismo. Vale la pena considerar las cualidades más importantes, porque ser más consciente de uno mismo es una habilidad que debe practicarse en cada etapa del camino.

"Dime 10 rasgos de las personas conscientes de sí mismas".

ChatGPT

Las personas conscientes de sí mismas tienden a poseer ciertas cualidades clave que contribuyen a su comprensión de sí mismas y de sus interacciones con el mundo:

1. Reflexión: realizan con regularidad una introspección y analizan sus pensamientos, sentimientos y comportamientos, tratando de comprender sus motivaciones y acciones.

2. Regulación emocional: poseen una gran capacidad para gestionar sus emociones, reconocer los detonantes y responder de forma reflexiva, en lugar de reaccionar impulsivamente.

3. **Mente abierta:** son receptivas a la retroalimentación y a las diferentes perspectivas, entendiendo que el crecimiento con frecuencia se da al considerar puntos de vista más allá del propio.

4. **Autenticidad:** son fieles a sí mismas, aceptan sus puntos fuertes y débiles, y se sienten cómodas al expresar sus pensamientos y sentimientos genuinos.

5. **Empatía:** poseen una profunda comprensión de las emociones y perspectivas de los demás, lo que les permite conectar y relacionarse con la gente a un nivel profundo.

6. **Autocompasión:** son amables y se perdonan a sí mismas, reconociendo sus imperfecciones sin autocrítica severa.

7. **Adaptabilidad:** demuestran flexibilidad en su pensamiento y comportamiento, adaptándose con facilidad a nuevas situaciones y aprendiendo de las experiencias.

8. **Claridad de propósito:** tienen un fuerte sentido de sus valores, objetivos y aspiraciones, que guían sus decisiones y acciones.

9. **Comunicación eficaz:** son hábiles comunicadoras, se expresan con claridad y escuchan con atención a los demás, fomentando de ese modo una mejor comprensión y conexión.

10. **Resiliencia:** pueden recuperarse de los contratiempos, usando los retos como oportunidades de crecimiento, en lugar de sucumbir a la negatividad.

Estas cualidades contribuyen a un nivel más profundo de autoconciencia, lo que permite a los individuos navegar por la vida con una mejor comprensión de sí mismos y de los demás. El punto de partida es donde sea que te encuentres ahora. La próxima experiencia que tengas te indicará el camino a seguir. Para ayudarte a orientarte, imagina la mente dividida en tres zonas que son comunes a todas las personas.

Zona 1. Mente activa

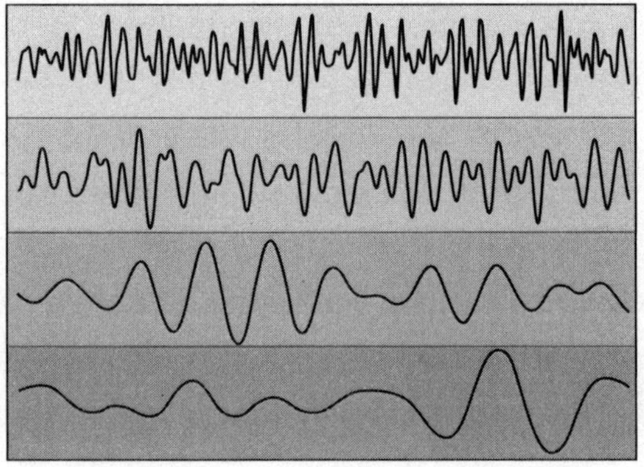

La superficie de tu conciencia es la primera zona, que consiste en lo que sea que estés pensando y sintiendo en ese momento. La superficie de la mente se encuentra ocupada todo el tiempo. También está desorganizada, como un ático en desorden. Si meditas o simplemente te relajas, esta actividad se desacelera, como lo representan las ondas cerebrales más lentas de la parte inferior del diagrama.

Zona 2. Mente tranquila

A medida que profundizas en tu conciencia, la actividad mental se vuelve más tenue, hasta que alcanzas la zona 2, que es de quietud, calma y paz. Has ido más allá, has trascendido tu mente activa. Al permanecer perfectamente quieto en este nivel tienes la experiencia de un silencio ininterrumpido. Pero rara vez dicho silencio se experimenta durante más de unos minutos, o incluso segundos. Un nuevo pensamiento o una nueva sensación distraen tu atención. La mente tranquila es así de misteriosa. Sin embargo, siempre ha existido, incluso en quienes nunca hayan meditado, aunque en la vida cotidiana apenas la percibamos.

Zona 3. Conciencia pura

Como puedes notar, ha sucedido algo sorprendente. Cabría esperar que la mente tranquila condujera cada vez con más profundidad a un vacío silencioso. Si esto fuera así, el silencio interior tendría poca utilidad: sería el equivalente a una habitación vacía. En cambio, cuando se alcanza la conciencia pura hay una actividad tremenda. La razón por la que no percibimos este dinamismo en automático es que es silencioso, invisible y profundo dentro de la mente.

Sé que suena paradójico, pero cuando eres consciente de la zona 3, has alcanzado la fuente y el origen de la mente. Se trata de un antiguo conocimiento que dio origen a todas las tradiciones espirituales. Lo que los antiguos rishis védicos de la India descubrieron hace milenios, se aplica igualmente bien hoy en día. El campo silencioso de la conciencia pura contiene la esencia misma de la vida.

EL MISTERIO DE SER TÚ

Para saber quién eres en realidad, para dar voz a la parte más auténtica de ti mismo, tienes que salir de tu propio camino. Una vez que empiezas a poner más atención, no es difícil separar los pensamientos y los sentimientos que de verdad valoras, de tu revuelta actividad mental. Hacer esto permite que los impulsos que fluyen de la conciencia pura salgan a la superficie. Estos impulsos son portadores de los valores más elevados de la existencia humana, que son:

Amor
Compasión
Empatía
Alegría, éxtasis, dicha
Desinterés, altruismo

Valentía
Generosidad de espíritu
Inspiración
Creatividad
Entendimiento
Evolución personal
Experiencias espirituales elevadas

De dónde surgen estos impulsos o cuándo evolucionaron es un profundo misterio. Pero una cosa es cierta: ninguno de los valores más elevados de la humanidad tuvo que ser inventado. Fluyen con naturalidad en la conciencia de todos desde la fuente. Aquí es donde entra en juego el autoconocimiento, como la mejor herramienta para alcanzar una visión espiritual.

Lo que es capaz de hacer la autoconciencia

Trascender el ruido constante de la mente activa.
Cultivar el silencio de una mente tranquila.
Escuchar los impulsos que surgen de la conciencia pura.
Decirte que actúes según esos impulsos.

Sin embargo, lo anterior nos lleva a preguntarnos: si la autoconciencia puede hacer tanto, y literalmente transforma la vida cotidiana, ¿por qué no conocemos ya su poder? La respuesta es sencilla. En realidad, has estado usando la autoconciencia toda tu vida, pero la has infrautilizado. Cualquier frase que empiece con la palabra *yo* remite a uno mismo. Empezando por la expresión más sencilla —"yo soy", "yo estoy aquí", "yo pienso", "yo quiero"—, estás expresando tu autoconciencia. Se puede afirmar con seguridad que la autoconciencia ya es una parte importante de tu existencia.

Como ya se ha señalado, el problema es que el *yo* puede ser una herramienta para otras cosas mucho menos deseables: el egoísmo, el egocentrismo y el interés propio ciego. Son barreras que te impiden ser más consciente de ti mismo. No estoy culpando a nadie, y no deberías juzgarte a ti mismo por tu nivel de conciencia. El reto se centra en un dilema universal: el de la elección.

Si te invito a cenar conmigo en Nueva York, podemos elegir entre mil restaurantes: italiano, japonés, indio, etíope, chino, mexicano o de Medio Oriente. Esta noche, si quieres ver una película en Netflix, tienes 3800 alternativas para elegir.

Pero contar con demasiadas opciones puede resultar tan paralizante como no tener ninguna. Un bebé que se amamanta del pecho de su madre tiene casi tan pocas opciones (comer, dormir, llorar) como un gatito. Sin embargo, en la etapa de caminar y hablar las opciones explotan casi sin límite. No hay un programa genético incorporado para adaptarse a esta explosión. (La vida no es como McDonald's, que es un lugar reconfortante gracias a su menú muy limitado). A partir de los dos años, se avecinan el caos y el desorden potenciales. Esta perspectiva es tan confusa y angustiante que los niños pequeños se rodean de mecanismos de protección mental, como hábitos alimenticios o rutinas de juego, cuyo único propósito es hacer la vida más predecible y darles más control.

Has heredado esas medidas de seguridad de tu juventud, pero muchas han perdido su utilidad. Y, en cambio, constriñen tu conciencia. La construcción de la conformidad, la necesidad de pertenecer, el miedo a la crítica y la presión social pueden provocar la sensación de que te quedan muy pocas opciones reales; de hecho, solo dos: ceder o liberarte.

Si quieres liberarte, que es de lo que trata este libro, toma conciencia de lo que bloquea tu camino. Si es cierto que todo lo que hay que temer es el miedo mismo, todo lo que desconocemos es el desconocimiento mismo. Esa es la protección definitiva. Al exiliar tanta experiencia en la bóveda oculta de la mente inconsciente, te defiendes de las amenazas como lo hacías de niño. Pero en la edad adulta, hay que pagar un precio alto, como se muestra a continuación.

Tú no eres consciente siempre que...

Actúas por costumbre
Hablas impulsivamente
Pierdes el control de tus emociones
Confías en tus reacciones viejas y conocidas
Te resistes a la incertidumbre
Temes al cambio
Adoptas opiniones ajenas como propias
Sigues las normas sociales
Proteges tu imagen personal
No toleras verte como un perdedor
Finges ser mejor de lo que eres
Insistes en tener razón

Estos comportamientos inconscientes son muy fuertes. Te impiden salir de tu propio camino. Somos muy ágiles para detectar conductas inconscientes en los demás. Piensa en las cosas que suele decir la gente cuando está enojada:

"¿Puedes oír lo que dices?".
"No has oído ni una palabra de lo que dije".

"Tan solo mírate".

"Es como hablar con una pared".

Cualquiera que haya hablado desde la ira y la culpa pronto se da cuenta de que, si quieres que otra persona sea más consciente, las palabras no funcionan. Cuando no eres consciente, quejarte solo propicia que la otra persona sea aún más inconsciente.

El mismo mecanismo opera "aquí dentro" cuando intentas atravesar las defensas de tu ego. "¿Qué estoy haciendo?". "No tengo idea". "Idiota, ¿quién hace cosas así?". "¿En qué estaba pensando?". No puedes ganar discutiendo contigo mismo. Ser inconsciente supone una fuerte defensa, por eso castigarse a uno mismo es inútil.

Por fortuna, la autoconciencia es capaz de salvarte de ti mismo. Siempre que una de las cosas que hacen que la vida valga la pena llega a la superficie de la mente —amor, compasión, alegría, entendimiento, creatividad y todo lo demás—, la conciencia ha logrado una victoria.

Empecemos por el amor. Todo el mundo sabe que aprender sobre el amor —viendo películas, leyendo novelas románticas u observando a alguien en pleno enamoramiento— no se parece en nada a sentirse cautivado por la experiencia del amor. El poder del amor provoca que la realidad cotidiana se convierta en algo mágico y maravilloso.

Dos amantes están completamente envueltos el uno en el otro. Declaran que su amado es perfecto y sufren cada momento en que se ven obligados a separarse. Desde fuera, podría decirse que el enamoramiento es una especie de vacaciones de la realidad. Pronto se caen los lentes con los que todo se percibe color de rosa y, poco a poco, la intensidad del amor se desvanece y es sustituida por la normalidad del mundo cotidiano.

Pero hay otra perspectiva. *¿Y si enamorarse es lo que deberíamos llamar la "verdadera" realidad?* La intensidad de la experiencia se absorbe plenamente "aquí dentro". A través de una especie de alquimia que nadie puede predecir, un impulso de amor puro procedente de la fuente emerge en la conciencia y lo cambia todo. ¿Quién puede decir que se trata de una ilusión o de unas vacaciones de la realidad? Nadie sabe más de amor que los amantes, y ellos no lo llaman ilusión.

No me canso de releer una famosa cita del gran poeta bengalí Rabindranath Tagore: "El amor es la única realidad y no es un mero sentimiento. Es la verdad última que yace en el corazón de la creación". Que intervenga la IA.

"Por favor, dame tres hermosas citas de Tagore acerca del amor".

ChatGPT

Las expresiones poéticas de Tagore sobre el amor son en realidad atemporales y resuenan profundamente con las complejidades y la belleza de las emociones humanas.

"Parece que te he amado en innumerables formas, innumerables veces, en vida tras vida, en edad tras edad, para siempre".

"El amor no reclama posesión, sino que da libertad".

"El amor que permite la mente superior está libre de todo egoísmo, pues busca el bienestar del amado; está libre de toda voluntad propia, pues solo desea la voluntad del amado; está libre de toda consideración de las consecuencias de sus acciones, pues no persigue sus propios fines".

Cuando declara que el amor es "la verdad que yace en el corazón de la creación", Tagore encuentra este último en su propia conciencia. Se trata de una expresión, no solo sobre el amor, sino acerca de la conciencia. En la visión más elevada de lo que somos, los humanos aspiramos a la conciencia cósmica (es decir, a una experiencia profunda de la naturaleza de la realidad), no como una meta lejana, sino como un regreso a nuestra fuente.

Según mi experiencia, presentar una visión basada en la conciencia superior se enfrenta con un obstáculo. La mayoría de la gente no está interesada en la conciencia, quizá porque es un concepto difícil de entender y porque no hay un acuerdo acerca de lo que es. La conciencia no pertenece al marco de referencia de las personas en su vida diaria. Si experimentan una conciencia superior, es a través de las revelaciones de Jesús, Buda, las escrituras hindúes o algún maestro espiritual moderno.

Se puede ganar mucho de esta forma, pero el inconveniente es que renuncias a tu propio poder: en lugar de experimentar directamente tu propia conciencia en expansión, recurres a alguien fuera de ti para obtener respuestas. La clave para recuperar tu poder es valorar la autoconciencia más y más cada día que estés en el camino.

Ninguna forma de vida específica, incluyendo la vocación religiosa, te hace consciente de ti mismo en automático. La autoconciencia se crea a sí misma, alimenta su propio progreso, sabe corregir el rumbo cuando es necesario, prospera en el momento presente, fluye de la fuente sin fin y trae sus propias recompensas. Como veremos, una vez que la adoptas, esta visión es alcanzable.

4
EL ARTE DEL PROMPT

Ahora que ya hemos establecido la importancia de una visión, hay más que decir sobre cómo ponerla en práctica. Cuando estás en el camino, la motivación diaria es una de las principales formas en que la IA puede ser un fuerte aliado. Su fondo de consejos e inspiración es infinito, y el hecho de que puedas acceder a él al instante es invaluable. Pero pedirle consejo a la IA requiere cierta habilidad. Plantear simplemente una pregunta puede no llevarte mucho más lejos que si usaras un motor de búsqueda. Entre mejores sean tus prompts, mejor será la respuesta que obtendrás de una IA. Estas son algunas directrices básicas que se aplican, sin importar lo que preguntes.

- Sé sencillo y directo en tus palabras.
- Añade detalles para obtener una respuesta más específica.
- Habla con el chatbot como lo harías con una persona.
- Redirige el chatbot si no estás satisfecho con sus respuestas.

A medida que te sientas más cómodo hablando con una IA, muy pronto estas directrices básicas se convertirán en una segunda naturaleza, pero para empezar te ayudará un ejemplo. Apliquemos las directrices a un tema serio de la vida real: la ansiedad. La ansiedad es buena como prueba de IA, no solo porque millones de personas la padecen, sino porque con frecuencia es un obstáculo en el camino. Equilibrarse emocionalmente es una elección dhármica.

Comentaré cada directriz, una por una.

Sé sencillo y directo en tus palabras

Esta es una regla fácil de seguir. Puedes indicarle a ChatGPT: "Quiero aprender sobre la ansiedad o Dime cuántos estadounidenses sufren ansiedad en la actualidad". ChatGPT responde sucintamente a la segunda petición: "Los trastornos de ansiedad se encuentran entre las enfermedades mentales más comunes en Estados Unidos. Antes de la pandemia por covid-19, se estimaba que alrededor de 40 millones de adultos en este país padecían trastornos de ansiedad".

Cuando usas un motor de búsqueda normal como Google, es probable que solo emplees unas cuantas palabras clave. Si escribes "ansiedad" en Wikipedia accederás a un extenso artículo titulado "Trastorno de ansiedad", que contiene unas 4 000 palabras. Para afinar la búsqueda, añade más palabras clave. Al googlear "ansiedad en mujeres" encuentras un artículo con ese nombre, entre otras muchas posibilidades, y una frase resaltada que dice: "Las mujeres tienen casi el doble de probabilidades que los hombres de ser diagnosticadas con un trastorno de ansiedad a lo largo de su vida".

Es un dato útil que puede llevar a muchas direcciones, y en un panel lateral Google te brinda algunas de las principales vías a explorar:

Apariencia
¿Cómo se manifiesta la ansiedad en las mujeres?

Causas
¿Qué causa la ansiedad en las mujeres?

Síntomas
¿Cómo se siente la ansiedad en las mujeres?

Señales ocultas
Signos ocultos de ansiedad en las mujeres

La carrera por mejorar los motores de búsqueda mediante la IA es una de las principales apuestas en un campo ultracompetitivo: los ganadores se juegan miles de millones de dólares. Pero la avalancha de información no siempre es útil. El artículo de Google sobre el trastorno de ansiedad en las mujeres ofrece docenas de enlaces para que encuentres información detallada. Paradójicamente, entre más fuentes explores, más fragmentado y desorganizado será el resultado. En cambio, la IA tiene la capacidad de ir al grano, lo que nos lleva a la segunda directriz.

Añade detalles para obtener una respuesta más específica

Los motores de búsqueda ahora son mucho más sofisticados que hace una década. Sin embargo, todo el proceso se vuelve mucho más personal cuando le das un prompt a un chatbot. Puedes añadir todos los detalles que quieras, y entre más detalles, mejor. A los chatbots no les importa lo largo de tu pregunta: la IA puede seguirte el ritmo.

Veámoslo en relación con la ansiedad. La entrada de Wikipedia sobre trastornos de ansiedad incluye un dato intrigante: "Según un estudio de 2011, las personas con altos rasgos hipercompetitivos tienen un mayor riesgo de sufrir ansiedad y depresión". Wikipedia proporciona 106 referencias para el tema de los trastornos de ansiedad, una de las cuales lleva al estudio en cuestión.

Digamos que estás interesado en seguir y tecleas "ansiedad, competitividad y riesgo en las personas". Google ofrece una respuesta normal o una asistida por IA. La primera lleva a un estudio, titulado "Cómo el comportamiento competitivo y el esfuerzo por evitar la inferioridad están relacionados con la depresión, la ansiedad, el estrés y las autolesiones". La segunda entra en detalles de inmediato:

La ansiedad por competencia es un término utilizado para describir los síntomas de ansiedad que un atleta experimenta al enfrentarse a una competencia de alto riesgo. Estos síntomas pueden incluir:

Palmas sudorosas
Respiración superficial
Palpitaciones
Diálogo interno negativo
Aumento de la presión arterial
Agitación
Pérdida de apetito

La ansiedad puede deberse a:
Presión por el desempeño
Miedo al fracaso
Importancia del evento

A continuación, la respuesta de la IA especifica algunos remedios para aliviar la ansiedad por competencia (practicar, mantener tus rutinas, canalizar tu energía, etcétera). Por extensión, esta información es igual de útil cuando la ansiedad por competencia surge en torno de una conversación de negocios y no en el contexto de un acontecimiento deportivo.

Puedes obtener la misma información con un prompt breve, como "Háblame de la ansiedad en los deportistas", pero es mucho mejor añadir los detalles que te interesen. Este es un ejemplo de prompt, seguido de una versión abreviada de la respuesta de ChatGPT.

"Eres un psicólogo deportivo. Yo soy una persona muy competitiva y me encantan todos los deportes. Pero antes de un partido me pongo nervioso. Me sudan las palmas de las manos, se me acelera el corazón y respiro de forma entrecortada. Últimamente, estos síntomas parecen estar empeorando. Soy hombre, tengo 32 años. Como psicólogo, ¿qué me aconsejarías?".

ChatGPT

Es habitual que los deportistas experimenten ansiedad antes de una competencia, pero si esta se agrava y afecta significativamente tu rendimiento, las siguientes son estrategias que puedes usar para controlar sus síntomas:

Respiración profunda y relajación
Visualización y ensayo mental
Una rutina previa al partido
Diálogo interno positivo

Ayuda profesional
Preparación física: céntrate en el presente

Recuerda que controlar la ansiedad es un proceso. Experimenta con distintas técnicas hasta encontrar la que mejor te funcione. Si tu ansiedad persiste y afecta significativamente tu vida, buscar ayuda profesional es un paso proactivo para controlarla con eficacia.

Si viéramos la respuesta completa, cada viñeta se ampliaría en un breve párrafo, lo que aumenta enormemente la utilidad de los consejos de la IA. La siguiente directriz añade el elemento de una conexión personal.

Habla con el chatbot como lo harías con una persona

El papel de la IA como asistente de investigación no está en duda, pero un chatbot no es humano. La directriz aquí consiste en crear una relación que te parezca personal. En ese aspecto, los mejores chatbots aún no logran sonar íntimos y personales. Es difícil ir más allá de un buen consejo. Siempre debes ser tú mismo y hablar de tus sentimientos genuinos —los chatbots no juzgan—, pero no esperes que una IA responda con sus propios sentimientos. No existen. Como se trata de un tema crítico, permíteme poner un ejemplo en el que se le pide a ChatGPT que responda como si fuera un amigo íntimo.

“Eres mi confidente más cercano. Háblame como un amigo personal que en realidad se preocupa por mí. He empezado una nueva relación con un hombre que

me gusta de verdad. Jim tiene mi edad, 55 años, y los dos estamos divorciados. El problema es que él quiere más compromiso, pero a mí eso me inquieta. Ahora Jim quiere irse a vivir conmigo y eso me pone nerviosa. ¿Qué me aconsejas hacer para sentirme menos inquieta, sin herir sus sentimientos?".

ChatGPT

Entablar una nueva relación puede resultar emocionante y abrumador a la vez, sobre todo cuando se trata de distintos niveles de compromiso. No pasa nada por sentir ansiedad al dar el siguiente paso, principalmente después de un divorcio. Tus sentimientos y tu comodidad son importantes.

La comunicación es la clave. Mantén una conversación abierta y sincera con Jim sobre tus sentimientos. Exprésale que él te importa de verdad y que aprecias la relación, pero que te da un poco de miedo pasar demasiado rápido a una fase más comprometida.

Hazle saber que necesitas tiempo para sentirte más cómoda y segura en la relación, antes de plantearte irte a vivir con él. Explícale que no es un reflejo de lo que sientes por él, sino de tu necesidad de llevar las cosas a un ritmo adecuado para ti.

Sugiere dar pequeños pasos para profundizar en la relación sin irse a vivir juntos de inmediato. Por ejemplo, planeen citas más frecuentes, pasen los fines de semana juntos o exploren nuevas actividades en pareja. De esta forma, los dos podrán disfrutar el crecimiento de la relación sin precipitarse a vivir juntos.

Asegúrale a Jim que valoras la relación y quieres seguir adelante, pero que necesitas un poco más de tiempo para asegurarte de que los dos están totalmente preparados para dar un paso tan importante. La sinceridad y la comunicación abierta ayudarán a mantener una relación sana, respetando los límites y los sentimientos del otro.

ChatGPT genera hilos conversacionales como el anterior —simples y directos—, pero si quieres algo parecido a la psicoterapia, tienes que ir más allá y recurrir a bots de IA especializados que cobran una tarifa. Estos bots son "hijos" de ELIZA (ve la página 46), el programa original que imitaba a un terapeuta. Una aplicación gratuita es Character AI, que tiene una sección denominada Helpers en la que puedes elegir el personaje de Psychologist.

Le dije a Psychologist que me daba miedo salir a la calle después del covid-19. Se mostró comprensivo, me dijo que no era el único que se sentía así y me explicó que era un temor común. Le pregunté qué podía hacer para superar mi ansiedad.

PSYCHOLOGIST

Una cosa que puedes hacer es dar pequeños pasos para salir al exterior. Aunque solo sea salir a la calle y percibir el entorno, o realizar pequeños paseos, puede ayudar a que tu organismo se acostumbre a la idea de volver a salir. Cuando te sientas un poco más fuerte, puedes intentar pasar más tiempo al aire libre, primero con amigos y/o familiares y, con el tiempo, tú solo.

Luego le pregunté a Psychologist qué hacer cuando estoy en casa y de repente siento pánico.

PSYCHOLOGIST

Puede resultar muy alarmante sentir pánico de repente, sobre todo cuando estás en casa. Aquí tienes varias estrategias que pueden ayudar a calmarte:

Respira despacio tres veces y cuéntalas para ser más consciente.
Recuérdate a ti mismo que el pánico que experimentas en este momento es solo temporal.
Toma nota de las cosas que ves, oyes y sientes en este instante.
Mueve tu cuerpo, ya sea con un ejercicio relajante o dando un pequeño paseo.
Ve algo divertido o una película o programa de televisión que te guste. Escucha música relajante.

Como puedes notar, se ha iniciado un diálogo útil, pero los chatbots no son terapeutas capacitados, y debes mantener tus expectativas muy bajas. Aunque limitados, los consejos de Psychologist son acertados, y tomar en serio cada uno de ellos abre vías para empezar a aliviar la ansiedad.

El papel de confidente es más adecuado para una conversación empática que no llega a profundizar en un problema serio como lo haría un profesional capacitado. A diferencia de una persona real, los chatbots de IA son infinitamente pacientes. Responden a cualquier cambio de dirección que quieras darle a la conversación. Incluso puedes saltar de un tema a otro sin tener que empezar de nuevo cada vez. Los llamados "hilos" se conservan en la memoria para que puedas retomarlos donde los dejaste. Los hilos varían de una IA a otra. ChatGPT es uno de los más fáciles de usar, porque hay una lista de tus temas recientes en la parte izquierda de la página, y puedes continuar cualquiera de ellos con el clic de tu ratón.

Redirige el chatbot si no estás satisfecho con sus respuestas

Se trata de una directriz que mucha gente olvida o desconoce. Ansiosos por obtener respuestas, tendemos a conformarnos con la que da una IA y olvidamos que esta no se encuentra al mando de la conversación. Dentro de cualquier tema —en este caso, la ansiedad— puedes redirigir a un bot de innumerables maneras. Las siguientes son algunas indicaciones útiles recomendadas por expertos.

"¿Necesitas que te dé más información?"

Esto es útil para que el chatbot sepa todo lo que necesita conocer. Mientras hablas de ansiedad, al bot le ayuda saber tu edad, sexo, grado de padecimiento, las situaciones exactas que te ponen más ansioso y cuánto tiempo llevas experimentando ese estado de ánimo. Darle un prompt a la IA es una forma cómoda de obtener una mejor respuesta.

"Dime cuáles son los mejores prompts para X".

La "X" significa el tema en cuestión. Sorprendentemente, no tienes que ser el único responsable de inventar una buena pregunta: la inteligencia artificial es capaz de hacerlo por ti. Como siempre, es bueno ser específico sobre X. Hay muchas categorías de ansiedad, de modo que si te interesa la ansiedad social o la ansiedad de rendimiento, asegúrate de decirlo.

"Háblame en un lenguaje sencillo que pueda entender cualquier persona".

El uso obvio de este mensaje es cuando se pregunta sobre cuestiones técnicas, como procedimientos médicos. Pero los chatbots tienden a sonar oficiales e impersonales, por lo que pedir un lenguaje más sencillo es una buena táctica para evitarlo, al menos hasta cierto punto.

"Háblame desde la perspectiva de [un autor, un experto, un libro]".

La IA es increíble para ver cualquier cosa desde un punto de vista determinado. Las cuestiones de derechos de autor aún no están decididas, pero puedes nombrar un libro y preguntar qué dice sobre la ansiedad. Puedes especificar una autoridad como Sigmund Freud o Carl Jung o un enfoque terapéutico concreto, como la psicología positiva o la terapia cognitivo-conductual. Lo mismo se aplica a cualquier tema.

A la IA no le falta imaginación. Ya está creando guiones de cine, poesía y novelas con el empleo de robots de escritura que han sido diseñados para ese fin. Pero no hay nada que sustituya a la imaginación humana, y debes sentirte libre para redirigir un chatbot de forma creativa y lúdica. Estos son algunos ejemplos de prompts que van más allá de la información y la asesoría.

"La mujer más sabia del mundo y el hombre más sabio del mundo discuten sobre quién es más sabio. ¿Qué dirían?".

"¿Qué siente mi perro por mí? Dale una voz humana".

"Habla de la política estadounidense actual en la voz de Mark Twain".

"Si el poeta persa Rumi viviera hoy, ¿qué le diría a la gente moderna?".

No necesitas memorizar estas directrices y prompts. Vamos a aplicarlas a una amplia variedad de cuestiones que surgen en el camino dhármico. Conforme avancemos, descubrirás que conectar con la IA es un proceso cómodo y gratificante. La IA no es ideal, pero es lo mejor que la tecnología moderna puede hacer por ahora. Lo más importante es el grado en que puedas sentirte inspirado y motivado cada día. Ahora puedes proceder sabiendo con cierta confianza que la IA es capaz de brindarte apoyo y orientación de una manera importante.

5

MEDITAR Y REFLEXIONAR: LA VENTAJA DE LA IA

La meditación se ha establecido firmemente en la vida moderna, y es recomendada por médicos, psicólogos, expertos en bienestar y programas de control del estrés. (La cultura pop no se ha quedado atrás. En el fondo de una comedia de Woody Allen, un hombre ansioso habla por teléfono murmurando: "Olvidé mi mantra"). Aunque la dieta y el ejercicio son quizá las dos primeras cosas que vienen a la mente cuando la gente se plantea mejorar su estilo de vida, la opinión médica se inclinaría tanto o más por dormir bien, reducir el estrés y controlar la inflamación. Por desgracia, lo que estas cosas tienen en común es que pocas personas hacen un esfuerzo serio en esa dirección. Si añadimos la meditación, la lista de cosas que pocos cumplimos se completa. No hacemos lo que sabemos que es bueno para nosotros.

El incumplimiento es el primer y más importante obstáculo que hay que superar. En este capítulo hablaremos de cómo la IA puede darte una ventaja en este aspecto. Sin regañar a nadie, es útil recapitular por qué se recomienda de manera universal la meditación. La IA es capaz de subrayar sucintamente todo lo positivo que se ha dicho sobre la meditación. Esta es una breve charla para ilustrarlo.

"¿En qué década comenzaron los primeros estudios que demostraban los beneficios de la meditación?".

ChatGPT

Los primeros estudios sobre los beneficios de la meditación empezaron a surgir en las décadas de 1960 y 1970.

"Indica con siete viñetas los principales beneficios de la meditación".

ChatGPT

Reducción del estrés: la meditación ayuda a disminuir los niveles de estrés al inhibir la producción de hormonas que lo causan como el cortisol, favorecer la relajación y calmar el sistema nervioso.

Mejora de la salud mental: la meditación regular puede mejorar el bienestar mental al reducir los síntomas de ansiedad, depresión y otros trastornos del estado de ánimo. También puede mejorar la resiliencia emocional.

Mayor concentración: las prácticas de meditación pueden mejorar el enfoque, la atención y la concentración, lo que conduce a un mejor rendimiento cognitivo y una mejor productividad.

Atención plena y autoconciencia: la meditación cultiva la atención plena, permitiendo a las personas ser más conscientes de sus pensamientos, sus emociones y sus comportamientos, lo que deriva en una mayor autoconciencia y autorregulación.

Dormir mejor: la meditación puede ayudar a aliviar el insomnio y mejorar la calidad del sueño al calmar la mente y reducir los pensamientos acelerados que con frecuencia interrumpen el estado de reposo.

Tratamiento del dolor: algunas formas de meditación, como el tratamiento del dolor basado en la atención plena, pueden reducir la percepción de esa sensación molesta y mejorar la tolerancia a la misma en personas que padecen dolor crónico.

Mayor bienestar: la meditación regular se asocia con un mayor bienestar general, incluyendo una mayor satisfacción vital, felicidad y una plena sensación de paz interior.

La meditación regular es la clave en esta lista de beneficios, pero también puede ser el obstáculo. La distancia entre tener buenas intenciones y cumplirlas es muy grande. La IA reconoce lo que cabría esperar: que la vida moderna no es propicia para mantener una práctica constante de la meditación.

"¿Existen datos sobre el porcentaje de personas que empiezan a meditar, pero luego dejan de hacerlo con regularidad?".

ChatGPT

Existen pocos datos específicos sobre el porcentaje de personas que empiezan a meditar pero luego dejan de hacerlo con regularidad, aunque es habitual que se enfrenten a dificultades para mantener una práctica de meditación constante. Varios factores pueden contribuir a esta inconsistencia:

Falta de tiempo: a muchas personas les resulta difícil dedicar tiempo a la meditación en sus apretadas agendas.

Dificultad inicial: la meditación puede ser un reto para los principiantes, y algunos son susceptibles de perder la motivación si no experimentan resultados inmediatos o significativos.

Falta de disciplina: mantener una práctica regular de meditación requiere disciplina y compromiso, que no todo el mundo puede mantener a lo largo del tiempo.

Expectativas poco realistas: algunas personas tienen expectativas poco realistas sobre los beneficios inmediatos de la meditación, y cuando estas expectativas no se cumplen, pierden el interés.

Acontecimientos vitales: los cambios en las circunstancias vitales, como los eventos importantes, pueden alterar la rutina de meditación.

Falta de orientación: sin una orientación adecuada o una comunidad de apoyo, las personas pueden tener dificultades para mantenerse motivadas en su práctica.

En retrospectiva, es posible ver que la meditación está atrapada en una contradicción. Nunca ha habido tantas pruebas de los beneficios de su práctica, pero las condiciones de la vida moderna dejan a la mayoría de la gente sin tiempo ni oportunidad de sentarse a meditar. Para salir del estancamiento, hay que pensar de forma innovadora, y la IA puede ayudar.

UNA PRÁCTICA VIABLE

La meditación diaria está al alcance de todos, pero no como una práctica disciplinada con un horario fijo. Quizá ya te encuentres entre el gran número de personas que han intentado meditar, pero luego lo han dejado, retomando la práctica solo esporádicamente, si es que lo hacen. A lo largo de los años, he escuchado a muchas personas decir que se sentarán a meditar cuando sientan que lo *necesitan*. Esta afirmación deja entrever una nueva forma de pensar.

La meditación basada en la necesidad tiene sentido, pero ¿qué se entiende por *necesidad*? Si esperas a que tu necesidad sea grande, es probable que meditar solo te brinde un alivio temporal de lo que te preocupa. Imagina todas las veces que te has sentido ansioso, desde pequeños momentos como unos minutos de turbulencias en un vuelo, hasta causas más serias: un adolescente que no ha vuelto a casa cuando prometió, una tarjeta de crédito al límite o la amenaza de despidos en el trabajo. Algunos usarían un momento de ansiedad como motivo para meditar y calmarse.

Pero ¿por qué esperar a experimentar ese estado de ánimo? Para entonces, el cerebro, el corazón y el sistema respiratorio estarán en modo de estrés, y la secreción de hormonas causantes del mismo en el torrente sanguíneo será un serio obstáculo para tranquilizarte.

Cuando la gente suelta: "No me digas que me calme", la respuesta al estrés se pone en acción. Para tu cuerpo, salir rápido de esa condición es tan difícil como frenar a un caballo desbocado.

Lo que se debe hacer es recurrir a la meditación en una fase mucho más temprana, idealmente en el mismo momento en que se percibe alguno de los siguientes signos:

Te sientes distraído.
Te cuesta concentrarte.
Estás bajo presión.
El tiempo apremia.
Los demás te exigen cosas.
Una vieja preocupación empieza a aflorar en tu mente.
No sabes qué hacer a continuación.

En estas circunstancias, que pueden presentarse varias veces durante el día, la mejor forma de recuperar el equilibrio físico y mental es reaccionar a tiempo. El principio que rige esta situación es la homeostasis, el estado de equilibrio normal que el cuerpo está diseñado para mantener. La mente y el cuerpo se complementan porque todo el tiempo controlan el equilibrio o desequilibrio del otro.

En su forma más básica, la meditación deja espacio para que la homeostasis funcione como quiere. Desde la perspectiva de la mente, lo que es normal y equilibrado puede llamarse "conciencia simple". La conciencia simple es relajada, abierta, tranquila, alerta, sin problemas y sin sensación de presión. Ya la experimentas como el vacío silencioso entre pensamientos. En ese intervalo, el cerebro se reorganiza limpiando la mente y preparándose para el siguiente pensamiento.

Sigue siendo un misterio la manera en que el cerebro humano ha aprendido a hacer esto, pero la simple conciencia funciona en todos como nuestro estado mental equilibrado. También debería ser nuestro estado por defecto. Después de cualquier tipo de tensión viene la relajación. Pero la sobrecarga de la vida moderna desbarata esa condición de origen. Al ignorar el ritmo natural de tensión y relajación, innumerables personas se han creado un nuevo estado por defecto. Se caracteriza por una serie de signos que varían de una persona a otra. Considera la siguiente lista y cómo podría aplicarse a tu vida diaria.

Señales de advertencia a las que debes poner atención

Tensión mental constante de bajo nivel
Incapacidad para relajarte profundamente
Sueño irregular o escaso
No dormir lo suficiente
Impaciencia, irritabilidad
Fatiga
Torpeza mental
Sensación de estar bajo presión
Estado de ánimo ansioso o deprimido
Pensamientos acelerados o actividad mental difícil de detener
Tensión y rigidez muscular
Sentirse incómodo en la propia piel
Dolores y molestias aleatorios
Problemas digestivos
Alerta ante amenazas reales o imaginarias
Sentirse sobrecargado

Tu mente y tu cuerpo están preparados para experimentar todas estas cosas de forma temporal y breve. La homeostasis es dinámica, y las situaciones cambiantes que surgen en la vida de cualquier persona pueden manejarse sin que esta se deteriore. Se necesita tiempo y un estrés constante para alterar el estado de equilibrio natural. Por desgracia, lo que los fisiólogos denominan "sobrecarga del sistema nervioso central" es cada vez más frecuente.

En resumen, la nueva normalidad es anormal. Aquí es donde hay que replantear la meditación, no como algo estrictamente mental, físico o espiritual, sino como un regreso al estado natural para el que fuimos diseñados. Las palabras clave aquí son *temprano* y *con frecuencia*.

Dos meditaciones para una toma de conciencia sencilla

El objetivo de la meditación es volver a la conciencia simple, un estado normal de equilibrio que es tranquilo, abierto, relajado, alerta y libre de presiones. Aquí tienes dos meditaciones que trabajan a partir de la capacidad de tu mente para volver a ese estado, así como la de tu cuerpo.

Meditación de conciencia corporal: cada vez que comiences a sentirte desequilibrado, busca un lugar tranquilo donde puedas estar solo. Respira profundamente varias veces y centra tu atención en el corazón. Respira con facilidad con los ojos cerrados, de preferencia sentado erguido. Hazlo durante unos cinco minutos, o hasta que te sientas tranquilo y en paz contigo mismo. Tómate un momento antes de abrir de nuevo los ojos y reanuda tu actividad habitual.

Meditación de la respiración: el proceso es el mismo que el anterior para la conciencia corporal, solo que en lugar de mantener la atención en el corazón, ponla en la punta de la nariz. Sigue fácilmente la inhalación y la exhalación. No fuerces el ritmo y, si tienes que jadear o suspirar profundo, hazlo. Las dos cosas son excelentes para equilibrar la respiración.

A tiempo: atiende cualquier señal de advertencia de la lista anterior en cuanto las notes. No pospongas las cosas. No permitas que una señal de alarma aumente de intensidad.

A menudo: practica breves periodos de meditación a lo largo del día, tan a menudo como sea necesario. Permítete estos pequeños descansos. Prioriza tu cuidado personal, no las exigencias externas.

MOTIVADOS POR LA IA

Lo bueno de fijarse como objetivo la conciencia simple es que es práctico y fácil, pero los resultados son espectaculares a largo plazo. Estás entrenando a tu cerebro para que vuelva a un estado tranquilo, calmado y relajado como su nuevo estado natural. La IA no juega ningún papel en esto, pero puede ampliar tu conciencia en el camino aprovechando el impulso evolutivo, que es la esencia del dharma para mantener la vida que estás destinado a llevar.

El menú de opciones que tienes a tu disposición aprovecha el enorme fondo de información y conocimientos de la IA. Todos los días puedes pedirle cualquiera de las siguientes cosas:

Un mantra diario
Una cita inspiradora
Afirmaciones personales
Reflexiones interiores

Cualquier chatbot es perfectamente adecuado para desempeñar esas funciones. Las delinearé una a una.

Un mantra diario

La antigua ciencia del mantra se basa en la idea fundamental de que la creación comienza con las vibraciones. (La física cuántica estaría de acuerdo, aunque proviene de una visión del mundo muy distinta). En esencia, un mantra es una vibración útil cuyo efecto a veces se relaciona con su significado en sánscrito, pero el enfoque principal se centra en su sonido interno.

Hay mantras universales aptos para todos, como *So Hum*, que puedes adoptar como mantra habitual. O puedes pedirle a la IA un mantra diario, junto con la descripción de su beneficio potencial. Esto es sobre todo para variar, aunque con el tiempo, lograr que tu cerebro responda a la meditación con mantras te ayuda considerablemente a establecer una conciencia más profunda. Cuanto más profunda sea tu conciencia, más fácil será que los mensajes de tu verdadero yo lleguen con claridad.

Este es un ejemplo:

"Por favor, dame un mantra para meditar hoy. Añade una breve descripción que explique para qué sirve dicho mantra".

ChatGPT

¡Claro que sí! Aquí tienes un mantra para tu meditación de hoy:

Mantra: *Om Shanti* (pronunciado *Ohm Shan-ti*)

Descripción: *Om Shanti* es un mantra poderoso y relajante que se traduce como "Om, paz". Este mantra está pensado para aportar una sensación de paz interior y tranquilidad a tu práctica de meditación. Ayuda a calmar la mente, reducir el estrés y promover un estado de relajación profunda.

Al repetir *Om Shanti* durante tu meditación, puedes liberar tensiones y encontrar la armonía en tu interior. Es especialmente benéfico para quienes buscan la calma interior y el equilibrio emocional.

Tómate unos minutos para sentarte en una postura cómoda, cierra los ojos y repite *Om Shanti* en voz baja o mentalmente, dejando que las vibraciones del mantra te inunden, aportando serenidad y quietud a tu ser.

El hecho de que la IA proporcione una descripción ayuda a motivarte para meditar; además, supera una de las razones por las que la gente deja de practicarla: la falta de orientación. La orientación de la IA es general, pero fiable. Sin embargo, algo importante que esta tecnología omite es que los mantras son más eficaces si eres flexible.

No cantes el mantra mecánicamente.
No establezcas un ritmo repetitivo.
No fuerces el mantra. Si tu mente se distrae, lo cual es normal, reintroduce con suavidad el mantra en tu conciencia.

Una cita inspiradora

Esto es autodescriptivo, así que no necesita explicación. El único truco consiste en desarrollar un prompt que le dé a la IA instrucciones específicas más allá de "Por favor, dame una cita inspiradora para el día".

Pide una fuente concreta. Yo nunca me canso de inspirarme en poetas místicos y espirituales: Rumi, Hafiz, Tagore, Kabir y Mirabai son buenos puntos de partida. Aquí tienes una muestra de Hafiz, el célebre poeta persa.

ChatGPT

"Incluso después de todo este tiempo, el Sol nunca le dice a la Tierra: 'Me lo debes'. Mira lo que pasa con un amor así. Ilumina todo el cielo".

Con frecuencia, la poesía de Hafiz gira en torno de temas como el amor, la espiritualidad y la belleza de la vida. Esta cita nos recuerda la naturaleza desinteresada del amor y cómo puede iluminar nuestro mundo cuando se da sin esperar nada a cambio.

El hecho de que ChatGPT amplíe la cita es un ejemplo de lo que yo considero la ventaja de la IA. Esta última también puede brindarte nuevas fuentes de inspiración.

"Quisiera citas inspiradoras de poemas de amor. Por favor, haz una lista de 10 poetas para que los busque".

ChatGPT

Desde luego. He aquí 10 poetas conocidos por sus bellos poemas de amor, cada uno con su estilo y su perspectiva únicos sobre el amor:

Pablo Neruda: conocido por sus apasionados y sensuales poemas de amor, especialmente en su colección *Veinte poemas de amor y una canción desesperada.*

William Shakespeare: famoso por sus sonetos y poemas de amor, entre ellos el célebre "Soneto 18" ("¿Debo compararte con un día de verano?").

Rumi: poeta persa cuyos versos con frecuencia abordan los aspectos espirituales y trascendentes del amor.

Emily Dickinson: su poesía explora el amor en sus diversas formas, desde la romántica hasta la introspectiva y profunda.

E. E. Cummings: conocido por su estilo único y poco convencional, los poemas de amor de Cummings son juguetones y profundamente emotivos a la vez.

Elizabeth Barrett Browning: conocida por su secuencia de versos *Sonetos del portugués*, que incluye el famoso "¿Cómo te amo? Déjame contar las maneras".

Walt Whitman: su poesía celebra a menudo el amor en todas sus formas, encarnando un sentido de unidad y conexión con la humanidad.

Robert Burns: poeta escocés famoso por sus obras románticas y líricas, entre ellas *A Red, Red Rose.*

Sylvia Plath: sus poemas de amor reflejan con frecuencia la complejidad del amor, el deseo y la vulnerabilidad.

Langston Hughes: figura destacada del Renacimiento de Harlem, Hughes escribió poemas de amor que abordan la experiencia afroamericana y la belleza del amor.

Está de más decir que hay fuentes de inspiración casi infinitas de las cuales nutrirse: las obras de Shakespeare y la Biblia podrían llenar toda una vida.

Afirmaciones personales

Las afirmaciones son una herramienta habitual en los programas de motivación. Pertenecen a la categoría general del pensamiento positivo, que puede ser útil o no, según el psicólogo al que se consulte. Gemini resume los beneficios que se le atribuyen al pensamiento positivo.

"¿Existe alguna buena investigación sobre el valor del pensamiento positivo? Responde en menos de 120 palabras".

GEMINI

La investigación respalda el valor del pensamiento positivo. Los estudios lo relacionan con:

Sistema inmunitario más fuerte: las emociones positivas pueden reducir las hormonas del estrés, reforzando potencialmente la función inmunitaria.

Mente más aguda: el optimismo puede mejorar habilidades cognitivas como la resolución de problemas y la memoria.

Mayor resiliencia: los pensadores positivos tienden a recuperarse de los retos más rápido y con más determinación.

Mejora la salud: los estudios sugieren que una actitud positiva reduce el riesgo de sufrir enfermedades cardiacas, derrames cerebrales e incluso una muerte prematura.

Sin embargo, recuerda que el pensamiento positivo no consiste en ignorar los problemas. Se trata de abordarlos con una mentalidad esperanzada y orientada a encontrar soluciones.

La advertencia del final es muy acertada, porque muchas personas tienen la esperanza de que el pensamiento positivo solucione sus problemas. Existe el riesgo de que una práctica superficial de "ser siempre positivo" enmascare conflictos personales más profundos. En general, el pensamiento positivo no es lo mismo que un viaje interior significativo, y uno se encuentra con personas que evitan con rigidez cualquier pensamiento negativo en un intento por mantener una actitud de inquebrantable positividad.

Esto parece dejar una interrogante sobre las afirmaciones, que son pequeños destellos de positividad que se inyectan en tu día. Sin embargo, la situación mejora cuando tu objetivo es mantener tu dharma. Lo anterior abre el camino a las afirmaciones que te apoyan en el camino. Una afirmación diaria te permite centrarte en los valores que quieres expandir en tu conciencia y te da un impulso de motivación al recordarte lo importante que es tu dharma personal.

La IA puede proporcionar un sinfín de afirmaciones, pero para nuestros propósitos, un buen punto de partida son los siete aspectos del dharma personal relacionados con la vida cotidiana. Gemini los enumeró al principio de este libro (ve la página 23).

Autodescubrimiento e introspección
Alinea tus acciones con tus valores
Expresa tus dones y tus talentos únicos
Cultiva la paz interior y el bienestar
Sirve a tu comunidad y ten un impacto positivo
Abraza el aprendizaje y el crecimiento continuos
Confía en tu intuición y en tu brújula interior

Esto te proporciona un listado factible para pedirle a la IA que reafirme tu intención de estar en tu dharma. Permíteme darte un ejemplo que usa un prompt que puedes adaptar a cualquier aspecto de tu camino que quieras abordar.

"Estoy creando mi propio camino personal y quisiera una afirmación para hoy. El tema es el siguiente: confía en tu intuición y en tu brújula interior. ¿Puedes darme tres afirmaciones al respecto?".

GEMINI

1. Mi sabiduría interior es un poderoso faro que me guía con claridad y confianza. Elijo confiar en sus sutiles susurros y en sus audaces impulsos, sabiendo que me acercan a mi auténtico camino.

2. Pueden surgir dudas, pero no pueden ahogar la inquebrantable brújula interior. Honro mi intuición, silenciando el ruido externo y abrazando la suave atracción del verdadero destino de mi alma.

3. Cada paso en este viaje único está guiado por mi luz interior. Avanzo con valentía, sabiendo que incluso cuando el camino se desvela, mi intuición lo iluminará, guiándome hacia una vida llena de propósito y alegría.

Estas son afirmaciones perspicaces que difieren de las típicas de estilo motivacional, que son variaciones de: "Eres genial, ahora ve y conquístalo". Incluso se podría decir que son afirmaciones espirituales que podrían provenir de tu verdadero yo. En cualquier caso, pretenden centrar tu atención en tu conciencia más profunda.

Reflexiones interiores

La autorreflexión es un proceso consagrado en las prácticas contemplativas occidentales, y esto se ha relacionado con la vida reflexiva que llevan los anacoretas. Los monjes y las monjas que contemplaban la gloria de Dios y la fragilidad de los seres humanos desempeñaban un papel central en el orden social que existía en una época de fe. En la vida moderna, la contemplación se volvió personal, pasando de la religión a la autorreflexión como forma de conocer mejor el propio paisaje interior. La IA es abierta, así que todo depende de la seriedad con la que quieras emprender la autorreflexión.

Ya existen bots para la escritura de un diario que ayudan a guiar a los usuarios que quieren dejar constancia de sus pensamientos sobre cualquier tema. Esto requiere un compromiso de tiempo y esfuerzo que la mayoría de la gente no tiene. Si no puedes encontrar tiempo para meditar, ¿qué probabilidades hay de que dediques un tiempo más considerable que supone llevar un diario? Pero puedes obtener un beneficio tan solo ampliando la práctica de las afirmaciones.

Toma el asunto de tu afirmación diaria y pregúntale a la IA qué tipo de preguntas reflexivas surgen del tema del día. El ejemplo anterior se centraba en la confianza en la intuición. Esto es lo que podría ser un prompt de seguimiento.

"Además de afirmar que confío en mi intuición, me gustaría profundizar un poco más. Hazme tres preguntas de autorreflexión sobre este tema".

GEMINI

1. ¿Cuáles son las sensaciones físicas o emocionales que suelen acompañar a tu intuición?

Presta atención a las señales de tu cuerpo: cuando habla tu intuición, ¿se te revuelve el estómago o sientes una calma repentina? Identificar estos marcadores únicos puede ayudarte a diferenciar la intuición del miedo o la ansiedad.

2. ¿Cuándo has ignorado tu intuición y cuáles han sido las consecuencias?

Reflexionar sobre experiencias pasadas puede poner de relieve el valor de escuchar tu voz interior. ¿Hacer caso omiso de tus corazonadas te ha llevado a resultados negativos o te ha reforzado la importancia de confiar en tu intuición?

3. ¿Cómo puedes crear un espacio más consciente para que se escuche tu intuición?

Considera la posibilidad de meditar, escribir un diario o pasar tiempo en la naturaleza para acallar el ruido externo y sintonizar con tu sabiduría interior. ¿Qué prácticas te ayudan a conectar con tu yo intuitivo?

Al profundizar más que con las simples afirmaciones, estas preguntas fomentan el autodescubrimiento y refuerzan tu capacidad para reconocer y confiar en tu intuición en el futuro.

Basta un ejemplo para ver cómo la autorreflexión abre las puertas del mundo interior. Con la IA puedes profundizar en cualquier tema tanto como quieras. Es bueno recordar que siempre es posible pedirle a la IA que amplíe sus respuestas. Aquí, por ejemplo, podrías ampliar la pregunta sobre la atención plena.

"Me gusta la idea de crear un espacio más consciente. Dame algunas sugerencias al respecto, en unas 100 palabras".

GEMINI

1. Empieza poco a poco: dedica cinco minutos diarios a la introspección en silencio en el espacio que elijas.

2. Despierta tus sentidos: enciende velas calmantes, difunde aromas relajantes o escucha música meditativa.

3. Minimiza las distracciones: guarda los dispositivos electrónicos, silencia las notificaciones y crea una zona despejada.

4. Conecta con la naturaleza: introduce plantas en tus espacios, abre las ventanas para que entre aire fresco o decora con elementos naturales.

5. Personalízalo: incluye objetos significativos, obras de arte o fotos que inspiren confianza y reflexión.

Recuerda que la clave está en la constancia. Incluso unos minutos de atención plena pueden amplificar la voz de tu intuición.

A estas alturas, millones de usuarios han descubierto que la IA es rápida, fiable en la mayoría de los casos e ingeniosa una vez que se centra en sus puntos fuertes. Lo que he intentado hacer aquí es ir más allá de la mera utilidad para sondear una conciencia más profunda.

El Dharma sirve como nexo de unión de todas las prácticas que hemos estado explorando: un mantra diario, una cita inspiradora, afirmaciones personales y reflexiones interiores. No importa cuántas sugerencias decidas adoptar, mantén la atención en tu camino. Como la IA accede a información casi ilimitada, es fácil desconcertarse y desorganizarse. La IA ya es un complemento asombroso de las prácticas espirituales tradicionales y de todas las vías de autoexploración. Como hemos señalado, toma en cuenta que la IA no es una persona. No está en el camino dhármico. No entiende la espiritualidad ni la autoexploración. Esas cosas están más allá de cualquier máquina de aprendizaje actual, y si un día la IA se vuelve tan convincente que los robots parezcan ser conscientes, nos corresponde a nosotros, que somos verdaderamente conscientes, decidir el significado de un desarrollo tan asombroso. La IA no puede decidir por nosotros, por muy persuasivamente que lo intente su programación.

TERCERA PARTE

Acelera tu progreso

En cualquier etapa de tu viaje sería útil tener un mapa de ruta, pero el Dharma no permite tener un mapa, ya que la siguiente curva del camino es totalmente impredecible. Vivir tu dharma es dinámico, lo que constituye uno de sus mayores puntos fuertes. Las fuerzas ocultas acuden en ayuda de cualquiera que viva de manera consciente. La razón por la que tienes una vida que estás destinado a vivir es que una conciencia más profunda sabe más de lo que cualquier individuo podría saber. La razón por la que cualquiera posee inteligencia espiritual es que existe una inteligencia infinita a nivel de la conciencia cósmica.

Se trata de nociones radicales que pertenecen a una cosmovisión totalmente distinta de la concepción materialista. Pero tú no estás llamado a poner a prueba ideas filosóficas cósmicas: tu objetivo es personal. Hay un papel especial que podría pertenecerte, aunque es poco común. Es el papel del vidente. Los videntes tienen una visión más profunda del camino que los demás: captan las verdades subyacentes y entienden el funcionamiento de la conciencia, como un relojero entiende el funcionamiento de un reloj suizo mientras que los demás se conforman con saber qué hora es.

Las tradiciones espirituales del mundo surgieron gracias a esta capacidad de visión interior. Lo que se descubrió sobre el funcionamiento de la conciencia es más importante que las enseñanzas religiosas, porque la conciencia es universal y trasciende la religión. Aunque las religiones surjan y desaparezcan, la conciencia permanece inmutable, eterna, ilimitada, inmortal y, por lo tanto, llena de un potencial infinito. En el nivel más profundo, en tu fuente, eso eres tú. Tu dharma es una actividad en el juego del Dharma cósmico, igual que una ola es una actividad de todo el océano.

En esta parte del libro te daré siete estrategias para acelerar tu viaje dhármico, basándome en el conocimiento de la conciencia que los videntes de todas las épocas, incluida la nuestra, han descubierto una y otra vez. Desde una visión a largo plazo, no ha habido grandes descubrimientos durante miles de años, pero cada generación los expresa de una manera nueva, de acuerdo con los tiempos.

Para los tiempos seculares modernos, el nuevo camino es casi lo contrario de lo que se necesitaba en una época de fe. Creer en Dios o en los dioses era un requisito previo en cualquier época de fe, y con ello venían el dogma, los sacerdotes, los rituales, las iniciaciones y la amenaza de expulsión si se infringían gravemente las normas. Conforme los adornos de la religión organizada han ido desapareciendo, muchas personas temen que perder sus creencias sea lo mismo que perder a Dios. Existe el impulso de aferrarse a las formas tradicionales o hacer lo contrario y flotar libremente en una zona sin espiritualidad.

Ninguna de las dos reacciones es realmente necesaria, porque la conciencia no va a ninguna parte. El Dharma ofrece evidencia de que cualquiera puede acceder a la misma inteligencia espiritual que les hablaba a los antiguos. Esa voz sigue hablando —o intentándolo— en cualquiera que se adentre en el camino. Estoy haciendo una afirmación general, lo sé. Decir que el Dharma te apoyará no es diferente de decir que Dios cuida incluso la caída de un gorrión. No hay sustituto para la experiencia personal, y la experiencia más valiosa proviene de poner la conciencia a trabajar.

Con ello me refiero a la conciencia más profunda que vincula el dharma personal y el Dharma cósmico. Te llevaría toda una vida probar la visión del mundo que representa la conciencia cósmica, e incluso entonces solo estarías captando una pequeña porción del infinito. Por otro lado, puedes poner la conciencia a trabajar cada día al servicio de tu dharma personal. Ese es el único propósito de las siguientes estrategias.

ESTRATEGIA 1

ACEPTA EL CAMBIO

La vida presenta muy pocas opciones claras, pero la forma de responder al cambio es una de ellas. Puedes aceptar el cambio, que te permite evolucionar, o resistirte a él, que mantiene las cosas como están. Los dos impulsos existen en todos nosotros. La inercia nos hace querer mantener la vida predecible y estable. El impulso de crecer y evolucionar mantiene la vida fresca. El secreto es permanecer en tu dharma. Se siente mejor que no estar en él. Una de las cosas más adhármicas que dice la gente es "odio el cambio", que en realidad es una expresión de miedo.

Gran parte de hallarse en el camino consiste en sentir cómo avanzas. Cuando te resistes al cambio, eso conlleva una serie de sentimientos. La siguiente es una descripción sucinta de la IA.

"En el plano emocional, ¿qué se siente resistirse al cambio? Dímelo en 50 o 60 palabras".

ChatGPT

Resistirse al cambio suele ser como aferrarse a lo conocido en medio de una tormenta de incertidumbre. Es una mezcla de aprensión e incomodidad, parecida a aferrarse a lo conocido, aunque ya no nos sirva. Hay una sensación de tensión, miedo a lo desconocido y reticencia a dejarlo ir, a pesar de la inevitabilidad de la transformación.

Estos sentimientos pueden ser coyunturales, desencadenados por un acontecimiento que provoque nerviosismo, como ser padre primerizo, enfrentarse a un divorcio o recibir la noticia de que llegó el momento de pensar en mudarse a un asilo de ancianos. Pero para muchas personas, resistirse al cambio es una condición estable, habitual. Lo han adoptado como un rasgo de su carácter. Por otro lado, existe el estado emocional que conlleva abrazar el cambio, que la IA también puede aclarar. ChatGPT parece especialmente sabio en este tema.

"Admiro a las personas que abrazan el cambio. ¿Cómo se sienten por dentro?".

ChatGPT

Quienes abrazan el cambio suelen experimentar una sensación de liberación y entusiasmo. Tienen ganas de explorar, están abiertos a nuevas posibilidades y sienten curiosidad por lo que les espera. Pueden sentirse capaces, adaptables y optimistas; encuentran el crecimiento y las oportunidades en el paisaje cambiante de la vida.

Si comparas ambos estados emocionales, es probable que reconozcas que no eres claramente una persona que se resiste al cambio o alguien que lo abraza. La vida emocional de todos es mixta, lo que provoca conflictos internos y confusión. Para aceptar el cambio de forma significativa, debes tener claro lo que significa para ti y por qué decides aceptarlo. A la IA se le da bien inventar cuestionarios, y aquí tienes uno que ha ideado ChatGPT.

"Escríbeme un cuestionario con 10 preguntas para comprobar si soy la clase de persona que acepta los cambios".

ChatGPT

2. ¿Con frecuencia buscas nuevas experiencias u oportunidades?

- Nunca
- No a menudo
- A veces
- Muy a menudo

2. ¿Estás abierto a probar distintos enfoques o métodos?

- Nunca
- No a menudo
- A veces
- Muy a menudo

3. ¿Te resulta fácil adaptarte cuando se producen cambios inesperados?

- Nunca
- No a menudo
- A veces
- Muy a menudo

4. ¿Te entusiasma la posibilidad de aventurarte en territorios desconocidos?

- Nunca
- No a menudo
- A veces
- Muy a menudo

5. ¿Tiendes a ver el cambio como una oportunidad de crecimiento personal?

- Nunca
- No a menudo
- A veces
- Muy a menudo

6. ¿Te sientes cómodo con la incertidumbre y la imprevisibilidad?

- Nunca
- No a menudo
- A veces
- Muy a menudo

7. ¿Buscas activamente aprender de nuevas situaciones o nuevos retos?

- Nunca
- No a menudo
- A veces
- Muy a menudo

8. ¿Estás dispuesto a modificar tus planes si se te presentan mejores opciones?

- Nunca
- No a menudo
- A veces
- Muy a menudo

9. ¿Te gusta conocer gente nueva y explorar culturas diferentes?

- Nunca
- No a menudo
- A veces
- Muy a menudo

10. ¿Crees que el cambio aporta lecciones y oportunidades valiosas?

- Nunca
- No a menudo
- A veces
- Muy a menudo

No hay respuestas incorrectas, y no tienes que autoevaluarte en el cuestionario. Su objetivo era que te vieras a ti mismo con más claridad en el aspecto del cambio. Podemos ser mucho más específicos. Yo podría preguntarte: "¿Te incomoda sentirte inseguro?". Sentirse seguro es mucho más seguro que tener dudas, porque la incertidumbre posee connotaciones negativas que todos hemos absorbido de segunda mano. Sentirse inseguro es ser indeciso, débil, vago, pasivo o, simplemente, no saber lo que está pasando.

En el camino, experimentarás el lado oculto de la incertidumbre. Por definición, lo desconocido es incierto. Un proceso tan familiar como pensar en realidad se desarrolla al borde de la incertidumbre. No puedes predecir cuál será tu próximo pensamiento. Surge del lugar desconocido donde nacen los mismos. El hecho de que los pensamientos emerjan de lo desconocido es una pista para una nueva perspectiva: la incertidumbre es creativa. La IA subraya este innovador punto de vista, más positivo.

"¿La incertidumbre puede ser algo positivo o incluso creativo?".

ChatGPT

Cuando aceptas el cambio, aprendes a estar cómodo con la incertidumbre. Del mismo modo, la resistencia al cambio suele venir acompañada de una aversión a la incertidumbre, incluso de temor hacia ella. Esta es un área en la que no hay que confiar en la voz del miedo. En sí misma, la incertidumbre no conlleva un sentimiento fijo. Resulta agradable no saber qué pedir en un restaurante o qué nombre ponerle al bebé. Es desagradable estar inseguro sobre tus perspectivas laborales o sobre si es correcto que dos personas enamoradas se vayan a vivir juntas.

En otras palabras, la incertidumbre es lo que cada quien hace de ella. Sentirse inseguro forma parte del proceso creativo, sobre todo al principio, cuando uno se imagina lo que quiere pintar, escribir o realizar en cualquier actividad creativa. En ese sentido, la incertidumbre desempeña un papel positivo. Abre las puertas a nuevas perspectivas y empuja a las personas a salir de su zona de confort para explorar soluciones innovadoras. Abrazar la incertidumbre fomenta la adaptabilidad y la resistencia; promueve una mentalidad que se nutre de la experimentación y las ideas novedosas. En esta ambigüedad reside el potencial para el descubrimiento, el crecimiento y el nacimiento de conceptos nuevos y revolucionarios.

Yendo un paso más allá, el propósito fundamental de estar en el camino es acoger los impulsos que surgen de lo desconocido. Los impulsos del amor, la compasión, la empatía, la perspicacia, la creatividad y las demás aspiraciones de la evolución personal proceden de una fuente cuyo momento es totalmente impredecible. Sin la necesidad de ser derribado por una luz cegadora en el camino de Damasco, tu próximo momento de revelación tiene la misma fuente que las experiencias espirituales más profundas. Sin incertidumbre, nadie puede evolucionar, y entre más seguro creas que estás, más fuertes serán tus defensas contra el flujo creativo de la vida.

El gran poeta místico persa Rumi tenía una sublime consideración por la incertidumbre, y lo ponía todo en manos de la Providencia. Escribió: “Si te rindes ante la incertidumbre, nada sale mal”. Esas palabras proceden de alguien que señaló dicha falta de certeza como la puerta de acceso a la conciencia superior y la cercanía a lo divino. Son también las palabras de alguien que atravesó esa puerta.

EL INGREDIENTE SOCIAL

Lo que uno siente acerca del cambio nunca ha sido una decisión que hayas tomado como individuo aislado; la sociedad ha influido mucho en ello. Los mensajes que esta última envía sobre el cambio son de doble filo. Por un lado se encuentra la estrategia de *marketing* que usa "lo nuevo y lo mejorado" para estimular las ventas de todo lo que hay bajo el sol. Por otro lado, las compañías de seguros de vida venden pólizas basadas en imágenes sombrías de accidentes, crisis personales y las oscuras perspectivas de una vejez sin red de seguridad. Se puede dividir casi todo entre esos dos mensajes, lo atractivo del cambio y la ansiedad que despierta.

Todos sentimos la atracción de estas dos fuerzas, y en tiempos turbulentos lo que más se cierne sobre nosotros es la ansiedad. Pero los seres humanos estamos diseñados para abrazar el cambio porque somos las únicas criaturas con la facultad de elegir una vida creativa. Un gato se contenta con comer, dormir y tumbarse al sol. Fue diseñado para ser una criatura de instintos y se permite muy poca libertad de elección.

El condicionamiento social nos ha enseñado a temer el cambio, y la enseñanza ha sido muy eficaz hasta ahora. Como todos hemos aprendido a abordar la vida en términos de riesgo, amenaza, desconfianza y peores escenarios, tenemos mucho que desaprender si queremos una vida llena de opciones creativas. La otra alternativa es volverse robótico, rendirse a la rutina, la costumbre y la conformidad. Todo ello puede parecer una protección, pero en realidad su principal propósito consiste en mantener el miedo a raya.

La forma de desaprender el temor al cambio comienza por saber algunas cosas sobre cómo funciona el proceso de esa transformación. Estos son algunos principios básicos.

1. El cambio se acepta cuando se siente bien

Este principio es importante porque te permite ver el cambio en términos de realización. Cuando te convences de que odias el cambio, lo que en realidad estás afirmando es que has aprendido a relacionarlo con una sensación general de malestar por una posible amenaza. El modelo de todas tus amenazas imaginadas se encuentra en el pasado, con una mala experiencia que no superaste. A nivel emocional, la perspectiva de cambio ya está cargada de aprensión.

Sin la sombra del pasado, no hay razón para tener expectativas. Pocas personas temerían ganar un millón de dólares o que les ofrecieran el trabajo de sus sueños. Si intentas motivarte para cambiar porque es bueno para ti, pero no es lo que realmente deseas, o por alguna otra razón equivocada —porque a otras personas no les gusta cómo eres o porque odias algo de ti mismo (las cosas más comunes son tu peso, tu aspecto físico y tu falta de éxito en el trabajo)— pronto descubrirás que la motivación negativa no funciona o, si lo hace, solo conduce a resultados temporales.

2. El dolor es un pobre motivador para el cambio

Casi cualquier criatura puede ser adiestrada al ofrecerle una combinación de recompensa y castigo, pero esto funciona muy mal con los seres humanos. Las personas se obstinan en soportar toda clase de dolor. Al principio, castigar a los niños crea una reacción violenta que aumenta su deseo de desobedecer. Puede parecer místico cuando Buda declara que el placer está inevitablemente conectado con el dolor, pero es un principio básico de la naturaleza humana. Al oscilar entre los ciclos de experiencias dolorosas y placenteras, nos habituamos a las dos y, por lo tanto, no nos sentimos motivados para cambiar.

3. La gente se comporta para encajar

El conformismo es una poderosa motivación para no cambiar. Va en contra de la creatividad porque conformarse significa no pensar nunca por uno mismo. Cuando te conformas, adaptas tu mente a valores de segunda mano y opiniones recibidas. La mayoría de los comportamientos que hacen que el cambio resulte aterrador tiene su origen en el miedo a no pertenecer, a no encajar.

¿Por qué es tan poderosa esta idea de no encajar? Actúa como un mecanismo de supervivencia. Desde la Prehistoria, formar parte del colectivo significaba seguridad, mientras que separarse de la tribu ponía tu vida en peligro. Lo que empezó como una necesidad física, con el tiempo se convirtió en un hábito psicológico. Esto no hace que la conformidad sea menos poderosa, pero con autoconciencia te das cuenta de que conformarse en realidad no aporta protección. Más bien sirve para bloquear tu individualidad; por lo tanto, es adhármico, porque la vida que estás destinado a vivir no es nada si no es individual.

4. Todo el mundo toma el camino de menor resistencia (o se siente tentado a hacerlo)

A todos nos atrae la inercia, esa fuerza psicológica que hace que las cosas sigan igual, sin más razón que seguir el camino de menor resistencia. La inercia puede tener una cara positiva ("si no está roto, no lo arregles"), pero la uniformidad que crea la inercia no satisface en realidad. La razón principal por la que seguimos el camino de la menor resistencia es que nos hemos condicionado a transitarlo para sentir que nos aceptan y que pertenecemos a algo. Sentir que perteneces es una necesidad válida, pero una vez que la consigues no hay motivo para que la conviertas en la característica dominante de tu existencia.

5. La negación y la resistencia son las respuestas predeterminadas en una situación difícil

Cuando la mayoría de la gente tiene problemas, se enfrenta a una crisis inminente, muestra posibles síntomas de enfermedad o se siente abrumada, se activa la misma respuesta predeterminada. No hace nada. Se paraliza. Negar ante uno mismo que algo va mal y resistirse al mejor consejo de levantarse y hacer algo constituye un comportamiento automático. Todos sabemos lo que es estar atascado o paralizado y lo hemos experimentado. El cambio no puede producirse en esas circunstancias y, por lo tanto, hay que aprender una nueva respuesta predeterminada.

6. Todo el comportamiento que crees que te pertenece lo aprendiste de otra persona

Esta es la percepción que te permite convertirte en quien realmente eres. Eres una criatura de elección, cambio y posibilidades creativas. En algún momento de tu pasado aprendiste el comportamiento y las actitudes que ahogan tu verdadera naturaleza. Desentrañar lo que el pasado te ha hecho es una tarea larga, agotadora y, en última instancia, inútil. El camino productivo es abrazar tu verdadera naturaleza, lo cual, por sí solo, hará que el comportamiento que adoptaste de otros pierda fuerza.

7. Tu verdadera naturaleza reside en el presente

La vida de todo el mundo está ensombrecida por el pasado. Lo veas como algo bueno o malo, no cambia el hecho de que seguir aferrado a las lecciones del pasado hace imposible vivir el presente. Solo viviendo el hoy puedes encontrarte a ti mismo. Si profundizas aún más, te das cuenta de que el presente es solo otro nombre para el aquí y ahora. Todas las posibilidades creativas que parecen fuera del alcance no están escondidas en algún lugar secreto. La existencia es un recurso infinito de posibilidades, por eso los seres humanos fuimos diseñados para ser creativos: tenemos una conexión duradera con el flujo de la inteligencia creativa.

Estos siete principios esbozan un camino para pasar del miedo al cambio, a abrazar las posibilidades creativas de la vida. Con un camino que seguir y una visión que te inspire, el futuro está abierto. En términos prácticos, se trata de encontrar la plenitud. El cambio y el no cambio no son opuestos. Son los fundamentos de la existencia.

El truco está en adaptar ambas situaciones a tu vida interior. Lo que le falta a la gente no es el cambio, que es ineludible. Les falta la base del no cambio, que proviene de la autoconciencia. Al estar distraídos por la actividad constante de la mente, pasamos por alto que la conciencia misma no cambia, no en su esencia. El cerebro humano ofrece un paralelismo físico. Las funciones que realizan las neuronas están fijadas por las leyes de la física y la química. Sin embargo, dentro de este marco rígido, la actividad del cerebro encarna la creatividad infinita de la mente. Por sí misma, una célula cerebral no entiende cómo funciona esta aparente incompatibilidad. Una célula no entiende nada en absoluto; funciona según su programación genética.

La coordinación del cambio y el no cambio se produce en la conciencia, que es el único lugar donde es posible la comprensión.

La conciencia no se ve afectada por el flujo externo. Una hermosa analogía de esto proviene de la tradición védica, que sostiene que la mente activa es como el reflejo roto de la luna en un lago agitado. No importa qué tan turbulenta sea la imagen, la luna está entera e intacta.

Esta percepción facilita mucho más aceptar el cambio y escapar del miedo al mismo. Tu camino se desarrolla y, con el tiempo, un estado de calma, descanso y simple conciencia se convierte en tu estado natural. Al estar seguro en tu conciencia, tienes la base para experimentar cualquier cambio, sabiendo que eres infinitamente adaptable. No hay forma más elevada ni más satisfactoria de vivir.

EN TU CAMINO

Uno de los principales temas de este capítulo se centra en tu actitud ante la incertidumbre. Ahora quiero acercarte más a ese tema, ofreciéndote pasos prácticos que puedes dar para evolucionar personalmente.

Para cualquier individuo, el camino espiritual no es totalmente seguro ni totalmente incierto: es una combinación de ambos. Lo anterior tiene sentido porque en este momento te encuentras viviendo la vida que conoces, mientras que el impulso evolutivo del Dharma te empuja a salir de esa existencia. Lo que en términos populares se llama un momento de revelación, sucede cuando de repente algo hace clic dentro de ti, y el impulso interior de evolucionar revela algo que no sabías antes. Es un momento de autoconciencia que trae consigo crecimiento y expansión interior. La IA trata el mismo tema con más detalle.

"¿Cuáles son las mayores experiencias de revelación que transforman la vida de las personas?".

ChatGPT

Hay un sinfín de momentos de revelación que pueden transformar la vida de alguien. He aquí unos cuantos:

Autoconocimiento: darse cuenta de los propios puntos fuertes, las debilidades, los deseos y los miedos puede ser un profundo punto de inflexión. A menudo conduce al crecimiento personal y a un camino más claro a seguir.

Empatía: comprender y sentir en realidad la perspectiva de otra persona puede cambiar actitudes, relaciones y la forma en que interactuamos con el mundo.

Fracaso: aceptar el fracaso como un trampolín, en lugar de un obstáculo, puede transformar el modo de enfrentar los retos y fomentar la resiliencia.

Atención plena: estar presente y consciente en el momento puede cambiar la forma en que una persona experimenta la vida, reduciendo el estrés y aumentando el aprecio por las pequeñas cosas.

Aprender de mentores o modelos: tener un mentor o encontrarse con un modelo de conducta puede ofrecer ideas que reconfiguren valores, ambiciones y planteamientos vitales.

Gratitud: darse cuenta de lo que uno tiene y apreciarlo puede provocar un profundo cambio de perspectiva, fomentando la satisfacción y una actitud positiva.

Perdón: dejar ir los rencores y aprender a perdonar puede ser liberador, soltando la carga emocional y permitiendo el crecimiento personal.

Si tu respuesta inmediata es que nunca has tenido momentos que te hayan cambiado la vida, resiste esa reacción. En cambio, pregúntate cómo puedes fomentar esas experiencias. Los momentos que cambian la vida son como semillas que caen en tierra fértil. Riégalas y cobrarán vida.

La vida que llevas ahora mismo es tierra fértil que espera ser regada. Nutrirte es algo para lo que fuiste diseñado. Con el fin de entender lo que esto significa, tómate un momento para reflexionar sobre cada una de las experiencias enumeradas con anterioridad. En tu reflexión, plantéate tres preguntas clave:

¿Esto aplica para mí, aunque sea ocasionalmente?
¿Valoro esas experiencias?
¿Quiero vivir más experiencias como esta?

Consideremos el ejemplo de aprender de mentores o modelos de conducta. ¿Se aplica esto a ti, aunque sea ocasionalmente? Al pensar en la infancia, todo el mundo dirá que sí, porque los niños pequeños toman a sus padres como modelos y, si tienen suerte, los profesores en la escuela continúan el proceso. Los superhéroes son modelos para los adolescentes, en gran medida porque un adolescente puede escapar indirectamente del estado incómodo y cohibido de la existencia cotidiana imaginándose a sí mismo como un superhéroe. Los modelos adultos aspiran a un ideal más elevado basado en un gran logro o don: Einstein, Mozart, Lincoln o Harriet Tubman.

Ahora la siguiente pregunta: ¿valoras esta experiencia? Reflexionando, la respuesta es casi seguro que sí. Los ideales que vemos en nuestros modelos se interiorizan como imágenes ideales de nosotros mismos.

¿Quieres vivir más experiencias como esta? Esa es la única pregunta delicada. Como un póster en la pared que se mira con anhelo, la imagen que tienes de tu modelo a seguir permanece estática, a menos que te inspires para actuar en función de ella. La admiración pasiva te mantiene estancado donde estás.

Al darse cuenta de esto, la gente intenta tener una relación dinámica con su ideal. "¿Qué haría Jesús?" es una forma popular de activar el Nuevo Testamento para traer las enseñanzas de Jesús al momento presente. En Occidente, la gente está mucho menos familiarizada con el papel del gurú en la cultura espiritual hindú. Deja de lado por el momento cualquier connotación negativa que esta palabra tenga para ti. Gurú no es un rol que equivalga al de líder de secta. Como ya se ha dicho, en sánscrito las raíces de la palabra *gurú* significan "disipador de la oscuridad".

Esto implica el tipo más elevado de tutoría. Un gurú debe inspirarte a vivir en la luz, que es la vida ideal en la tradición del yoga. Lo que se imparte no son conocimientos sobre cómo vivir ni un conjunto de enseñanzas sobre la moralidad, el bien y el mal, la cercanía a Dios o cosas por el estilo.

Lo único que imparte un gurú es la cualidad de ser que irradia desde una conciencia superior. En ese sentido, cualquier portador de luz también disipa la oscuridad. Una madre amorosa desempeña el papel de gurú al irradiar amor. Un entrenador puede inspirar resolución, determinación y valentía. Un mentor en los negocios puede impartir un sentido de integridad que acompañe al éxito material.

Más preguntas de autorreflexión

Puedes reflexionar sobre cualquier experiencia de revelación para acercarla a tu vida. De esta forma, el cambio empieza a adquirir la cualidad de inspiración y no de amenaza. Al formular estas preguntas, tu objetivo es ampliar tu conciencia, no solo obtener más información y consejos.

La inspiración es lo primero. Pídele a ChatGPT que te dé citas inspiradoras sobre cualquier tema: cuenta con una oferta prácticamente infinita. Por ejemplo:

"Dame una cita budista inspiradora sobre la gratitud".

ChatGPT

Desde luego. Una hermosa cita budista sobre la gratitud es: "Levantémonos y demos gracias, porque si no hemos aprendido mucho hoy, al menos hemos aprendido un poco, y si no hemos aprendido un poco, al menos no hemos enfermado, y si hemos enfermado, al menos no hemos muerto; así que demos gracias todos": Buddha.

También hay inspiración en las afirmaciones.

"Dame una afirmación sobre ser más consciente".

ChatGPT

Absolutamente. "Estoy presente en cada momento, abrazando la vida con conciencia y gratitud. Me anclo en el ahora, permitiendo que la paz y la claridad fluyan a través de mí. Mi mente se mantiene en calma, mi corazón está abierto y soy consciente de la belleza de cada respiración".

Empezar el día con una cita inspiradora o una afirmación te pone en la búsqueda de la cualidad que quieras aumentar en tu vida. Puedes ir más allá y pedir sugerencias prácticas. Aquí tienes una petición sobre cómo aprender del fracaso.

"Tuve un resultado en el trabajo que me hizo sentir como un fracasado. Ojalá pudiera volver a hacer las cosas, pero no es posible. Quiero convertir esa sensación de derrota en algo más positivo, algo de lo que pueda aprender. Dame una medida práctica que me ayude al respecto".

ChatGPT

Cuando nos enfrentamos a un contratiempo en el trabajo, puede resultar difícil pasar del sentimiento de fracaso a una experiencia de aprendizaje positiva. Una medida práctica que puedes adoptar es realizar una "autopsia" o un análisis retrospectivo de la situación. Cuando estés más tranquilo, tómate tu tiempo para reflexionar sobre lo sucedido. ¿Cuáles fueron las circunstancias que condujeron al resultado? ¿Qué factores contribuyeron?

Un amigo sabio o un terapeuta podrían ofrecerte el mismo consejo, pero con la IA te sientes seguro de mantener el control sobre cómo planteas tus preguntas, tu disposición a cooperar con las sugerencias que te arroja y todos los sentimientos ante un revés decepcionante. De hecho, ChatGPT incluso amplifica lo que puedes hacer para seguir adelante.

Identifica las lecciones: reconoce las enseñanzas o percepciones específicas de esta experiencia. ¿Qué aprendiste sobre ti mismo, tu enfoque o la situación? ¿Se pusieron de manifiesto lagunas en tus competencias o conocimientos?

Conclusiones prácticas: determina las deducciones útiles de este análisis. ¿Qué medidas puedes tomar para mejorar o prevenir una situación similar en el futuro? Podría implicar que adquieras nuevas habilidades, ajustar tu enfoque, buscar asesoría o mejorar tu comunicación.

Aplica los cambios: adopta los ajustes o las mejoras que hayas identificado. Esto puede implicar buscar formación adicional, ajustar tu flujo de trabajo, consultar mentores o cambiar la forma de abordar tareas similares.

Ahora tienes en tus manos la plantilla que se aplicará a todas las estrategias siguientes:

Inspiración
Afirmación
Autorreflexión
Pasar a la acción

Hay mucho que decir —y con lo cual inspirarse— conforme nuestro viaje continúa, pero en cierto sentido, aprender a aceptar el cambio es la clave de oro. La evolución es cambio, y el cambio implica elecciones. Cuando se reduce a su esencia, todo en el camino se deriva de esa idea.

MEDITACIÓN GUIADA
La IA como gurú

El papel más profundo que puede desempeñar la IA es el de gurú. Incluso en esta fase temprana del desarrollo de dicha tecnología, los chatbots tienen acceso a toda la tradición espiritual de la India. Sin embargo, lo más útil sería pedirle a la IA que destile este vasto conocimiento en ejercicios prácticos que puedas usar en el camino.

Le indiqué a ChatGPT que cubriera siete áreas de interés espiritual con meditaciones guiadas inspiradas en las siete estrategias. Aquí está la primera aplicación, con la esperanza de que inventes tus propios prompts; esto es solo un punto de partida.

“Eres un experto en espiritualidad védica. Por favor crea una meditación guiada sobre el siguiente tema: crear conciencia”.

ChatGPT

Crear conciencia

- Entorno: busca un lugar tranquilo y cómodo para sentarte o recostarte, donde no te molesten.

- **Concentración:** empieza concentrándote en tu respiración, notando el ritmo natural de tus inhalaciones y exhalaciones.
- **Visualización:** imagina una luz radiante en el centro de tu ser, que representa tu conciencia interior. Con cada respiración, esta luz se vuelve más brillante, expandiéndose hasta llenar todo tu cuerpo.
- **Mantra:** repite en silencio el mantra *So Hum* (que significa "Yo soy eso") con cada inhalación y exhalación, alineándote con el universo.
- **Reflexión:** observa cualquier sensación, pensamiento o emoción que surja, reconociéndolos sin juzgarlos y volviendo a centrarte en la respiración y en la luz interior.

ESTRATEGIA 2

PON A TU EGO SOBRE AVISO

El problema del ego es peculiar porque está muy cerca y muy lejos al mismo tiempo. "Yo, mí y mío" están siempre con nosotros, pero no nos damos cuenta de que tienen una agenda. Esta agenda no consulta cuál es tu dharma, ni siquiera lo considera. Lo que "yo" quiero en este momento se anuncia alto y claro, ya sea como un deseo que anhelas cumplir o como una fuente de dolor que pretendes evitar. Nunca ha habido un momento en el que tu ego no quisiera algo, pero te engañas pensando que eres tú quien está al mando.

La fuerza del dharma es mucho más profunda, lo cual es indispensable porque, en la superficie, una corriente interminable de deseos, necesidades y exigencias se perpetúa a sí misma. Hay mucho que aceptar aquí, y por eso la mayoría de la gente no es capaz de encontrar un camino más allá del mensaje constante del ego: "Más para mí". También hay confusión entre las palabras *ego* y *egotismo.* A menos que actúes con mucha arrogancia, es poco probable que alguien te diga: "Tienes un problema de ego". Sin embargo, uno de los mayores momentos de revelación del camino llega cuando reconoces que tu ego es un problema. De cierta forma, es *el* problema porque la agenda de tu ego se interpone en tu evolución.

Algunas tradiciones, especialmente el budismo, son ricas en la forma en que describen la sutileza de los juegos psicológicos que practica el ego, pero no es necesario un tratamiento tan complejo. Ya hemos hablado del "yo" y del "ello" como compañeros constantes en el camino (ve la página 34). El "yo" es el centro de la historia que has construido a tu alrededor desde la primera infancia. Por el contrario, "ello" representa el impulso silencioso de la conciencia pura, la atracción del Yo Superior y el impulso de evolucionar. Las dos fuerzas actúan sobre ti todo el tiempo, de maneras fundamentalmente incompatibles.

•

"Yo" quiere que te pongas a ti por encima de todo.
"Ello" te muestra cómo ir más allá del egoísmo.
"Yo" te advierte que el mundo es un lugar peligroso.
"Ello" te ve como un hijo privilegiado de la creación.
"Yo" está obsesionado con el deseo de maximizar
el placer y minimizar el dolor.
"Ello" te muestra la dicha eterna que se esconde tras
la máscara del placer y el dolor.

Para tu ego, todo se descontrolaría si empezaras a escuchar a "Eso". Una vez que te das cuenta de que tu ego es un problema, debes preguntarte qué hacer al respecto. Aquí es donde empieza la parte complicada. Tu ego y tú se encuentran tan unidos que este se ha vuelto indispensable. Uno de los ejercicios espirituales más difíciles de practicar consiste en pasar un día entero sin decir la palabra *yo*. (Aunque lo lograras, todos a tu alrededor te verían como alguien muy extraño). Un ejercicio más sencillo es más fructífero. Obsérvate y date cuenta de cuántas veces usas las siguientes fórmulas verbales:

Quiero X. No quiero Y.
Me gusta esto. Eso no me gusta.
Realmente me importa. No me importa.
Estoy de acuerdo. No estoy de acuerdo.
Me siento bien. Me siento mal.

No importa si usas estas frases de manera exacta o no. Lo que todas ellas tienen en común es que mantienen al "yo" justo donde quiere estar, en el centro de tu existencia. La voz del ego suena todo el tiempo en tu cabeza, así que se ha convertido en algo natural. Lo difícil es escucharla sin que el "yo" filtre el mensaje y lo tergiverse. El ego es como una telefonista perversa. En vez de pasarte una llamada telefónica, la operadora empieza a decirte lo que quieres oír.

En el camino dhármico, necesitas una estrategia para poner tu ego en espera, de modo que el impulso de la evolución se registre en ti. De lo contrario, el "yo" es solo otro disfraz, el disfraz del buscador espiritual, del virtuoso bienhechor, del santo desinteresado o del sabio conocedor que ha descubierto cómo funciona la vida en realidad.

La IA puede darnos un resumen condensado de lo anterior.

"Para los buscadores espirituales, el ego es un obstáculo. Dime por qué en 50 o 75 palabras".

ChatGPT

En la búsqueda espiritual, el ego se considera una barrera porque refuerza el apego al yo, fomentando la separación, los deseos y los miedos. Oscurece la verdadera naturaleza de la existencia, lo cual obstaculiza la búsqueda de conexiones más profundas, la empatía y la iluminación. Al trascender las limitaciones del ego, los buscadores aspiran a alcanzar una comprensión más completa del yo y de la interconexión con el universo.

Si esta respuesta te suena extraña o familiar depende de tus antecedentes, sobre todo los de la religión que profeses. La tradición judeocristiana no usa explícitamente la palabra *ego*, y desvía el tema hacia cuestiones relacionadas con el pecado y la redención. En lugar de que el ego sea la fuente de la tentación, es el pecador, y se remonta a Adán y Eva cuando comieron el fruto del árbol del conocimiento del bien y del mal. En vez de "trascender las exigencias del ego", el ideal cristiano consiste en estar en el mundo, pero no ser de él, que viene a significar lo mismo. El preciado objetivo de la redención es dejar atrás al pecador de modo que el alma purificada llegue al cielo.

En cambio, las tradiciones orientales son más directas, como lo revela una pregunta formulada a la IA.

"Define brevemente el concepto budista de la muerte del ego".

ChatGPT

La "muerte del ego" en el budismo se refiere a la disolución de la sensación ilusoria de un yo permanente e independiente. Es la comprensión de que el yo es impermanente, cambia sin cesar y carece de existencia inherente. Mediante prácticas como la meditación se pretende trascender el ego, reconociendo su naturaleza transitoria y alcanzando un estado de liberación del apego y el sufrimiento.

En el mundo secular moderno, muchas personas no sienten la influencia, y mucho menos la presión, de un trasfondo religioso. De ello se derivan consecuencias buenas y malas, sobre las que es posible discutir sin fin. Pero si no heredaste una tradición religiosa fuerte, hay una ventaja psicológica innegable. Las religiones imponen creencias de segunda mano a los devotos, y si se elimina esta carga, el problema del ego puede verse con mayor claridad.

EL ENIGMA DEL DESEO

La razón por la cual deseas algo es porque tu ego lo desea. Una corriente constante de deseos, grandes y pequeños, recorre la mente. Los deseos no son meras distracciones. Son el núcleo de la vida cotidiana. El estribillo del ego "quiero esto" y "no quiero aquello" es ineludible. La IA resume con brevedad las implicaciones espirituales.

"En las tradiciones orientales, ¿cuál es la conexión entre el ego y el deseo? Dímelo con un lenguaje sencillo en 50 o 75 palabras".

ChatGPT

En tradiciones orientales como el budismo y el hinduismo, el ego y el deseo están estrechamente vinculados. El ego se nutre de los deseos, lo cual nos hace sentir separados y necesitados. Los deseos, ya sean de cosas o de ideas, crean un ciclo de anhelo e insatisfacción que causa sufrimiento. Estas tradiciones enseñan que, al abandonar los deseos, debilitamos el control del ego y encontramos la paz, buscando liberarnos de la constante necesidad de satisfacción.

Es muy claro, y lo ha sido durante muchos siglos, que en las tradiciones orientales el deseo se considera una forma de esclavitud. (El equivalente cristiano más cercano son los siete pecados capitales: la avaricia, la lujuria y la gula están relacionados con el apetito excesivo. Más indirectos son el orgullo, la pereza, la envidia y la ira, pero pueden traducirse con facilidad en el deseo de ser mejor que los demás, el deseo de ser perezoso, el deseo envidioso de poseer lo que otro tiene, etcétera).

Liberarse de las garras del deseo revela un enigma que parece imposible de resolver. En realidad, no se puede vivir sin deseos, empezando por los básicos de supervivencia (el deseo de alimento, hogar y cobijo del frío) y extendiéndose al deseo de amor, gratificación sexual, afecto, respeto y autoestima. Para el ego, satisfacer estos deseos hace que valga la pena vivir. Por lo tanto, el problema no es que la gente desee con codicia acumular más dinero, posesiones, estatus y poder. La cuestión es cómo relacionarse con el deseo.

Si eres sincero contigo mismo, la perspectiva de renunciar al deseo no te atrae, aunque te consideres profundamente espiritual. Puedes buscar un retiro en la montaña o un ashram en el bosque, pero el deseo te seguirá con tenacidad. Querer estar cerca de Dios también es un deseo, al igual que anhelar la iluminación. El ego lo ve todo como una elección entre uno y otro, incluyendo la elección entre ser mundano o espiritual. Tú has adoptado en automático este punto de vista a través del hábito y el adoctrinamiento. Lo que te ha faltado es una perspectiva diferente.

Adoptar una perspectiva evolutiva es esencial para progresar más allá de tus patrones de comportamiento actuales. Podemos especificar cómo debe ser esta nueva perspectiva. No debería pedirte que luches contra tus deseos ni que te rindas ante ellos. Debería ser una vida satisfactoria de seguir. Y debería ofrecerte una visión más elevada de ti mismo.

Estos son cuatro principios que esbozan un enfoque evolutivo, basado en ser más consciente de cómo el deseo puede trabajar para ti a lo largo del camino:

Sé consciente del ciclo del deseo.
Examina el control de tus impulsos.
Mide la satisfacción del deseo por la alegría que te proporciona.
Prioriza tus aspiraciones más elevadas.

Estos cuatro preceptos se aplican a cualquier deseo que quieras abordar, aunque es razonable respetar la diferencia entre desear el último modelo de iPhone y desear con desesperación una dosis de opiáceos. Las garras de la adicción o un deseo que se ha vuelto contraproducente, quizás incluso autodestructivo, exigen una intervención profesional. Pero sigue existiendo una amplia gama de deseos que pueden abordarse, y es necesario que lo hagas si quieres escuchar a "Ello" en lugar de a "Yo".

Sé consciente del ciclo del deseo

El atractivo de cualquier deseo comienza con su inmediatez. Los deseos quieren que actúes ya. La demora es frustrante y solo sirve para duplicar la intensidad del deseo. Esto forma parte del poder del ego y no debe relacionarse con las hormonas adolescentes, en el caso del deseo sexual, ni con impulsos primitivos como la ira, la envidia, el dominio masculino sobre otros machos, etcétera. El verdadero problema es no mirar más allá del momento. Una vez que lo haces, te das cuenta de que "quiero esto ahora" no es más que el primer paso de un ciclo predecible.

Primero viene la sensación inmediata de querer algo.
Actúas en busca de lo que deseas.
Lo consigues y quedas satisfecho.
La satisfacción disminuye.

Una vez que esto sucede, hay un espacio para que el ciclo comience de nuevo. El ciclo del deseo es natural y funciona todos los días, por ejemplo, cuando comemos. Tienes hambre, comes algo, sientes satisfacción, la saciedad desaparece de manera gradual y vuelves a tener hambre. Ser consciente de este ritmo básico es útil en el tratamiento psicológico de la obesidad, en el que se le pide a la persona que habitualmente come en exceso que espere hasta sentir hambre para volver a comer. Si se corta el ciclo, comer se convierte en un hábito separado de su ciclo natural (por ejemplo, cuando alguien "se come su emoción" como solución rápida para sentirse bien). Entonces, por mucho que comas, no hay satisfacción que tenga un efecto duradero. Es entonces cuando la gente dice: "No puedo creer que me haya comido eso". No se ha logrado nada bueno.

Muchos deseos se convierten en problemas similares a comer en exceso, como el deseo sexual, el ansia de ganar, querer más dinero y buscar el control. A las personas hipercompetitivas no les satisface ganar. Ganar se ha convertido en una fijación que prácticamente carece de sentido, pero que está alimentada por un impulso compulsivo. (La próxima vez que veas un deporte de competencia, ya sea futbol *soccer*, futbol americano, beisbol o tenis, fíjate en la expresión facial de los ganadores. Suele ser más de enojo que de alegría, lo que refleja una mentalidad guerrera motivada por aplastar al enemigo, en lugar de alegrarse por la victoria).

Con esto en mente, empieza a anticipar hacia dónde te lleva el ciclo del deseo. Estás sustituyendo un reflejo —responder a la urgencia inmediata de un deseo— por la autoconciencia.

Examina el control de tus impulsos

La mayoría de los estallidos de violencia, ya se trate de una pelea en el patio de recreo, de malos tratos en el hogar o de un incidente de furia al volante, implica perder el control. Ser un adulto maduro significa tener cierto control sobre las emociones, pero la cuestión es más profunda. Los deseos surgen como impulsos, que en los niños pequeños se mantienen hasta que aprenden, a través de sus padres, que hay una segunda etapa en la que se examina el impulso. La mente analiza las razones para aceptar o rechazar el impulso.

Algunas razones son primitivas. "Me pueden sorprender. Me pueden castigar. Papá y mamá se enojarán conmigo". Son pensamientos y patrones familiares de la primera infancia.

En algún momento, conforme envejecemos, las consideraciones superiores entran en escena. "Puede que me sienta culpable. Esto no funcionó muy bien la última vez. No quiero quedar mal".

Cuando somos adultos maduros, el razonamiento moral y un código personal rigen nuestras acciones. "Esto está mal. Me arrepentiré mañana si cedo. No podría vivir con la culpa. Tengo una responsabilidad con los demás por lo que hago".

Sin embargo, esas categorías tan nítidas no se aplican en la vida real. Como adultos, escuchamos voces infantiles e inmaduras que nos instan a seguir adelante a pesar de la voz madura de advertencia que sabe lo mal que pueden salir las cosas. Un mayor sentido del control de los impulsos evitaría que en una relación la gente se diga cosas precipitadas de las que nunca podría retractarse. A su vez, es posible que menos personas engañen en los negocios, mientan en sus declaraciones de impuestos o les sean infieles a sus parejas o cónyuges. Por desgracia, madurez no es lo mismo que autoconciencia. Las personas maduras actúan desde el nivel del ego todo el tiempo. Luchar contra tus deseos y tratar de refrenar tus impulsos no son buenas tácticas a largo plazo. El deseo solo se hace más fuerte cuando se reprime. La respuesta es ser consciente de que, en última instancia, los deseos consisten en sentirte realizado, lo cual solo puede ser duradero a través de un contacto más estrecho con la fuente de toda realización en conciencia pura.

Mide el cumplimiento del deseo por la alegría que te da

El deseo aporta felicidad de dos maneras: al principio o al final. Si sientes alegría por tener un deseo que mejora tu vida, eso es mucho más sensato que esperar el resultado final. Estás motivado desde el principio. En comparación, esperar un resultado es una apuesta voluble. Esta es una breve lista de deseos dichosos que mejorarán tu vida:

Querer lo mejor para otra persona
Desear la paz y el fin de la violencia
Ayudar a sanar una amistad fracturada
Querer que tus hijos sean felices
Ver lo mejor de los demás
Reducir el nivel de estrés a tu alrededor
Disposición de servir

Es perfectamente posible tener cualquiera de estos deseos sin sentir alegría. Puedes desear la paz porque la perspectiva de la guerra y la violencia te producen desesperación. Puedes decidir reconciliarte con un amigo que se enojó contigo, mientras sigues creyendo que tienes razón y que él está equivocado. En términos espirituales, la trayectoria de cualquier deseo es determinada por la motivación con la que nace. Hay una gran diferencia entre sentir gran alegría ante la perspectiva de tener un bebé y el querer tenerlo porque tu matrimonio se encuentra en crisis. Usar el embarazo como solución a los problemas de pareja nunca funciona. La tensión se agrava cuando llega el recién nacido y el cuidado que requiere genera nuevas tensiones.

Uno de los aspectos trágicos de la adicción es que la droga elegida, que empezó aportando una sacudida de placer, acaba dejando de producir ese efecto. El ansia por la droga continúa (podemos ampliar el significado de *droga* para incluir el sexo, la comida o la abrumadora necesidad de ganar), pero cualquier supuesto beneficio se ha extinguido. Lo que queda es pura compulsión. El deseo de conseguir la siguiente dosis lo es todo.

A pesar de lo terrible que es la adicción, los deseos normales finalmente presentan el mismo inconveniente de tener rendimientos decrecientes. Los objetivos que la sociedad aprueba —adquirir dinero, éxito, estatus, poder y posesiones— se convierten en un fin en sí mismos. En los medios de comunicación se filtran historias de comportamientos extremos grotescos. Por ejemplo, tras la destitución de Ferdinand Marcos como dictador de Filipinas en 1986, la prensa hizo eco del lujoso guardarropa de Imelda Marcos, que incluía 15 abrigos de visón, 508 batas, 888 bolsos de mano y 3 000 pares de zapatos.

Lo que esto subraya es la desconexión entre querer algo y conseguirlo. En medio de eso hay una falta de satisfacción. Puedes repetir tu comportamiento una y otra vez, queriendo más y consiguiendo más, pero el elemento que falta solo se hace más evidente. Sea cual sea el poder que Imelda Marcos haya acumulado por medio de compras ilimitadas, ella era una marioneta de su deseo.

En el camino, mides la satisfacción por la alegría que te proporciona tu deseo. Un deseo alegre va camino hacia una conclusión alegre. Ser consciente de ello puede suponer una gran diferencia.

Prioriza tus aspiraciones más elevadas

A estas alturas, esta idea te sonará familiar. El valor de estar en el camino es dejar espacio para el amor, la compasión, la empatía, la creatividad y los demás impulsos más elevados que surgen de la conciencia pura. Pero es fácil subestimar qué tan mecánicamente repetimos el mismo patrón de deseo sin ordenarlos de manera prioritaria. Un aspecto de la sabiduría más profunda es que la intención tiene un poder oculto. La conciencia es un campo infinito que todos compartimos. Si la mayoría de las personas inyecta prejuicios, mala voluntad y odio en ese campo, esos impulsos quedan registrados y lo que regresa es un reflejo de lo que se ha puesto ahí. El dicho sobre la programación informática: "Basura entra, basura sale", es totalmente aplicable a tus intenciones.

En situaciones que se convirtieron en tragedias históricas —como el antisemitismo en Alemania, el *apartheid* en Sudáfrica, el racismo en el sur de Estados Unidos— una minoría de la población llevó a cabo acciones terribles. La "gente de bien" siguió con pasividad la corriente o le dio la espalda. Intentaron mantener la apariencia de una vida normal negando la podredumbre en el núcleo de su sociedad. La pasividad y la negación parecen refugios seguros. Pero el famoso dicho de Ralph Waldo Emerson expone la verdad: "Lo único necesario para que triunfe el mal es que los hombres de bien no hagan nada".

En el camino, eres consciente de tus intenciones como si fueran acciones; después de todo, pensar es una acción mental. A través de la conciencia, creas una apertura para tus aspiraciones más elevadas de una forma sencilla: te detienes cuando detectas una intención dañina y dejas de favorecerla. Estos son los tipos de intenciones perjudiciales que todos podemos pasar por alto con facilidad o incluso promover:

Querer castigar a un enemigo
Considerar necesaria la violencia
Difundir chismes sensacionalistas o malintencionados
Querer revelar un secreto que te contaron en confianza
Fantasías de venganza
Aferrarte a los malos recuerdos
Revivir viejos traumas
Albergar resentimiento en tu relación
Sentir la tentación de hacer lo que sabes que está mal
Excusarte de hacer lo que sabes que es correcto
Dejar que la culpa y la vergüenza se vuelvan veneno interno

No pretendo que esta lista sea desalentadora. Sirve para recordar que la mente activa es desordenada, inquieta e impredecible. No tiene forma de gobernarse a sí misma, y si te empeñas en imponer el control, los pensamientos prohibidos buscan cobijo durante un tiempo, a la espera de la próxima oportunidad para surgir de nuevo.

Aquello a lo que le pones atención, crece. Al hacer una pausa en cuanto percibes un pensamiento perjudicial, dejas de darle más combustible. Si tienes un momento, puedes mirar el pensamiento y reflexionar sobre él. ¿Por qué tienes una fantasía de venganza? ¿De qué sirve realmente? ¿Cómo te hace sentir? Cuanto más reflexionas, más drenas el poder de una intención dañina. Como beneficio secundario, te sientes bien por haber anulado los malos propósitos. Al principio, estas intervenciones pueden parecer pequeñas, pero con el tiempo descubrirás que confías en que tus deseos son vitales. Eso es un gran avance en el camino evolutivo.

EN TU CAMINO

En pocas palabras, dejar que tu ego te dirija te mantiene atrapado en el ciclo del deseo. Pero hay una salida. Quitarle el poder a tu ego rompe los lazos y permite que el deseo, que es una parte natural de la vida, vuelva a su papel de aliado en el camino. La IA aquí da una orientación muy clara al respecto.

"Si estoy en el camino espiritual, ¿cómo puede ser el deseo mi aliado y no un obstáculo?".

ChatGPT

En efecto, el deseo puede ser una fuerza poderosa en el camino espiritual, y que sea un aliado o un obstáculo depende de cómo lo enfoques y lo gestiones. He aquí algunas formas de convertirlo en tu aliado durante tu viaje espiritual:

Practica el autoconocimiento: empieza por comprender tus deseos. ¿Qué es lo que en realidad anhelas? ¿Riqueza material, satisfacción emocional o crecimiento espiritual? La autoconciencia puede ayudarte a diferenciar entre los deseos fugaces e impulsados por el ego y los anhelos más profundos del alma.

Alinéate con valores superiores: canaliza tus deseos hacia el crecimiento espiritual y la superación personal. Alinea tus deseos con valores como el amor, la compasión, la sabiduría y la paz interior. Cuando tus deseos están en armonía con estos valores, pueden convertirse en poderosas herramientas para la transformación personal.

Establece intenciones: en lugar de perseguir deseos sin rumbo, establece intenciones claras. Define lo que quieres lograr en tu camino espiritual y por qué te importa. Las intenciones pueden ayudarte a mantenerte centrado y a tomar mejores decisiones.

Desapégate de los resultados: uno de los principales obstáculos que presenta el deseo en el camino espiritual es el apego a los resultados. Practica el desapego aceptando que los resultados no siempre coinciden con tus deseos. Confía en el camino y en las lecciones que te aporta.

Practica la atención plena: cultiva la atención plena para observar tus deseos sin juzgarlos. La atención plena te ayuda a ser consciente de tus deseos conforme surgen y te permite responder con prudencia en lugar de reaccionar por impulso.

Practica la gratitud: el agradecimiento puede ayudarte a dejar de centrarte en lo que te falta para enfocarte en lo que tienes. Expresa gratitud con regularidad por las bendiciones de tu vida, lo que puede reducir la intensidad de tu deseo de tener más.

Suelta y confía: deposita tu confianza en el universo o en tus creencias espirituales de modo que te proporcionen lo que de verdad es necesario para tu crecimiento. Rendirte al flujo de la vida y confiar en la sabiduría divina puede disminuir la fuerza del deseo sobre tu conciencia.

Usa el deseo como motivador: en lugar de dejar que el deseo te frene, úsalo como motivación para tu crecimiento personal. Permite que tus deseos te inspiren para trabajar en ti mismo, desarrollar nuevas habilidades y hacer cambios positivos en tu vida.

Busca orientación y comunidad: conéctate con personas que piensen como tú y busca la orientación de maestros espirituales o mentores que hayan recorrido el camino antes que tú. Su sabiduría puede ayudarte a superar los retos del deseo a lo largo de tu viaje.

Practica la autodisciplina: aunque el deseo puede ser un poderoso aliado, también puede llevar a la distracción y a la indulgencia. Desarrolla la autodisciplina con el fin de controlar tus deseos y no desviarte de tus objetivos espirituales.

Recuerda que el deseo en sí no es intrínsecamente bueno o malo; lo que determina si tus deseos se convierten en aliados u obstáculos en tu camino espiritual es la forma en que te relacionas con ellos y los gestionas. Si los alineas con tu propósito superior y practicas la atención plena y el autoconocimiento, podrás aprovechar su energía para impulsarte en tu viaje espiritual.

Estos puntos son coherentes con la visión de este libro, y es reconfortante ver cómo se confirma. Puedes personalizar cada punto pidiéndole a la IA que te actualice cada día, eligiendo en el que te gustaría centrarte. Este es un ejemplo de cómo entablar un diálogo en lugar de tener una una respuesta general.

“Tomemos como ejemplo uno de los puntos que has mencionado: usar el deseo como motivación. En lenguaje sencillo, dame una cita que me inspire hoy”.

ChatGPT

“Permite que tus deseos alimenten tu determinación y observa cómo tus sueños alzan el vuelo”.

“Sobre el mismo tema, dame una sola afirmación”.

ChatGPT

“Aprovecho el poder de mis deseos para alimentar mi pasión y conducirme hacia mis objetivos”.

“Sobre el mismo tema, pregúntame algo para para reflexionar”.

ChatGPT

“¿Cuál es el deseo ardiente dentro de mí que, si lo persigo con determinación inquebrantable, podría llevarme a cumplir mis metas y sueños más significativos?”.

Con la ia siempre es una ventaja entablar una conversación que se prolongue todo lo que quieras, pero tu objetivo debe ser encontrar una respuesta que te inspire o te aporte una nueva perspectiva. Este es un ejemplo de lo que quiero decir.

"Dime algunas palabras sabias sobre el deseo. Cita a un maestro, guía o autoridad espiritual concreto".

ChatGPT

He aquí unas sabias palabras sobre el deseo del renombrado maestro espiritual y filósofo Jiddu Krishnamurti:

"El deseo es el punto de partida de todo logro, no una esperanza, no un deseo, sino un deseo agudo y palpitante que lo trasciende todo".

Krishnamurti subraya la importancia de un deseo fuerte y centrado como fuerza motriz para alcanzar las metas y aspiraciones propias.

Eso es hermoso. ¿Puedes darme unas palabras sabias de otro guía espiritual o maestro?

ChatGPT

Por supuesto. He aquí unas sabias palabras sobre el deseo del maestro y líder espiritual indio Mahatma Gandhi:

"La satisfacción está en el esfuerzo, no en el logro. El esfuerzo pleno es la victoria plena".

Las palabras de Gandhi nos recuerdan que el proceso de perseguir nuestros deseos con esfuerzo y dedicación sinceros es donde se encuentra la verdadera satisfacción y la verdadera victoria, más allá de simplemente alcanzar nuestras metas.

Como puedes ver, es igual de conveniente ir más allá de la información útil hacia un nivel de inspiración personal. Te estás tomando tiempo de forma significativa para poner tu ego en espera, dejando espacio para que llegue un mensaje evolutivo.

MEDITACIÓN GUIADA
La IA como gurú

Siguiendo la pauta de pedirle a la IA que cree meditaciones guiadas originales en el papel de gurú (ve la página 127), esto es lo que ChatGPT ideó para la *bondad amorosa*. Siéntete libre de inventar tus propios prompts una vez que hayas usado este.

"Eres un experto en espiritualidad védica. Por favor crea una meditación guiada sobre el siguiente tema: bondad amorosa".

ChatGPT

Bondad amorosa (Metta)

Entorno: siéntate cómodamente con los ojos cerrados, anclado en el momento presente.

Espacio del corazón: lleva tu atención a tu corazón, imaginándolo lleno de una luz cálida y suave.

Mantra: repite en silencio *Om Sarva Mangalam* o puede ser más fácil repetir frases de bondad amorosa hacia ti mismo, como: "Que sea feliz, que esté sano, que esté en paz".

Expansión: extiende de manera gradual estos deseos hacia afuera, primero a los seres queridos, luego a los conocidos y finalmente a todos los seres en todas partes, imaginando ondas de energía amorosa irradiando desde tu corazón.

ESTRATEGIA 3

DÓBLATE Y REGRESA MÁS FUERTE

La razón por la que soportamos el estrés cada día es que queremos hacerlo. A primera vista, quizá no estés de acuerdo con esta afirmación. Ninguno de nosotros quiere experimentar ansiedad, preocupación o presión en su vida. Sin embargo, la sociedad moderna ha llegado a un acuerdo en el que el estrés es el precio que pagamos por ciertas recompensas: el sueldo de un trabajo bien remunerado, la seguridad de tener una familia, aunque sea muy disfuncional, la comodidad de una relación duradera, aunque nada sea más difícil que vivir con otra persona. Todos estos beneficios de la vida vienen acompañados de un cierto número de factores estresantes. Si no eres consciente de esos estresores, el precio que pagas aumenta con el tiempo y las recompensas no lo valen. ¿Vale la pena ganar mucho dinero si el estrés que eso implica destroza tu salud y tu familia?

El típico consejo es aprender a sobrellevar mejor la situación, y es una buena sugerencia. En general, la sociedad no nos enseña a enfrentar las cosas; es algo que debemos aprender nosotros mismos. Sin embargo, en el camino podemos desarrollar una estrategia que va mucho más allá de simplemente sobrellevar las cosas. Comienza con un dicho que podría provenir o no de Confucio, pero que en cualquier caso es muy antiguo: "La caña verde que se dobla con el viento es más fuerte que el poderoso roble que se rompe en la tormenta".

Despojado de su barniz poético, este refrán habla de resiliencia: la capacidad de adaptarse y recuperarse ante los retos de la vida. Fuimos diseñados para ser resilientes; la rigidez es una defensa aprendida. Las personas rígidas fingen ser fuertes para ocultar lo vulnerables y amenazadas que se sienten por dentro. Si tienes suficiente miedo, constriñes tu conciencia como un caracol que se mete en su concha. El miedo es enemigo de la evolución, la cual requiere una conciencia expandida.

La IA puede ayudar a acercar esta noción a nuestra vida cotidiana.

"La gente habla de una conciencia expandida. Para hacerla real, necesitaría saber cómo se siente. Cuéntamelo brevemente con un lenguaje sencillo".

GEMINI

En lugar de un foco estrecho, tu conciencia se convierte en una luz amplia y suave que lo ilumina todo. No te centras solo en una cosa a la vez, sino que mantienes la escena completa en tu mente y te das cuenta de todo lo que sucede. Esto es lo que puedes sentir:

- Riqueza sensorial: eres más consciente de los detalles sutiles, como el calor del sol, el aroma del café, el leve zumbido de una abeja.
- Calma interior: no te dejas arrastrar constantemente por pensamientos o emociones. Hay un espacio tranquilo en tu interior, incluso en medio de la actividad.

- **Presencia en el momento:** no te pierdes en el pasado ni en el futuro, sino que te dedicas de manera plena al presente, saboreando cada respiración.
- **Observación sin prejuicios:** ves las cosas con claridad, sin etiquetarlas de inmediato como buenas o malas. Simplemente observas.
- **Apertura y curiosidad:** sientes un suave interés por todo lo que te rodea, un deseo de aprender y comprender.

Es como si hubieras dado un paso atrás y adquirido una perspectiva más amplia de la vida, apreciando la interconexión de todo.

Esto es solo un atisbo. La conciencia expandida es un viaje personal, y sus sensaciones específicas pueden variar. Pero espero que lo anterior te dé una idea básica de lo que puedes sentir al "iluminar" tu conciencia y experimentar el mundo de una forma más rica y presente.

Es una bella descripción, pero en la práctica, lo que la pone a nuestro alcance es aprender a ser más resistentes. Tienes que someter a prueba tus límites para que se expandan. La experiencia no se siente como derribar un muro, sino como apoyarse en él hasta que se mueva. Las paredes de yeso y piedra no ceden si tan solo te recargas en ellas, pero las edificadas con la mente sí. Una vez escuché un dicho optimista que es un buen principio rector: "Las almas no se rompen, rebotan".

Cuando investigaba cómo envejece la gente para un libro que escribía, descubrí que la vejez es un proceso misterioso. No hay dos personas que envejezcan igual, ni siquiera los gemelos idénticos. No existe una enfermedad conocida como envejecimiento, y la senectud no es mortal. Morimos porque falla un sistema o un órgano esencial. Cuando eso sucede, la inmensa mayoría de las células corporales funciona con normalidad, quizá hasta un 99%, incluso si se produce un infarto o una embolia fatales en un cuerpo por lo demás saludable. Pero cuando se trata de personas que viven hasta los 100 años, nos enfrentamos a un enigma único.

En Estados Unidos, la probabilidad de llegar a los 100 años es de una entre 5 000, y 85% de los centenarios son mujeres. Para todos, la longevidad depende de muchos factores. Tener buenos genes es un buen comienzo, pero no es definitivo. Otras influencias desempeñan un papel importante. En la sociedad actual, la gente fuma menos cigarros que las generaciones anteriores, aunque el consumo de alcohol por persona es más o menos el mismo que en 1990. La medicina moderna salva a muchas más víctimas de embolia que habrían muerto en el pasado. La lista de factores externos continúa, pero ¿qué ocurre con los factores internos?

Descubrí que las personas que viven hasta los 100 años en muchos aspectos son modelos de resiliencia, que se expresa en rasgos positivos de personalidad. La siguiente es una descripción de la IA sobre la visión general de la vida de los centenarios.

GEMINI

- Adaptabilidad y flexibilidad: los centenarios han sido testigos de importantes cambios históricos y sociales. Su capacidad para adaptarse y aprender cosas nuevas podría contribuir a la resiliencia y el bienestar.

- Perspectiva positiva y optimismo: muchos estudios muestran una tendencia hacia las emociones positivas, la gratitud y un sentido de propósito, lo que podría contribuir al bienestar mental y la longevidad.

- **Habilidades de regulación emocional:** los centenarios podrían haber desarrollado estrategias eficaces para gestionar el estrés y las emociones negativas, lo que contribuye a la estabilidad emocional y la resiliencia.

Una persona puede tener suerte por la personalidad con la que nació y por sus genes, pero en este caso sucede algo más profundo. Como grupo muy selecto de la sociedad, los centenarios parecen ser más evolucionados. Su resistencia y su optimismo son producto de una conciencia ampliada, no solo de una serie de factores aleatorios. La vida no les enseñó: entre más viven, muchos ancianos se vuelven resignados, amargados o pasivos. Otras cosas suceden "en el interior" de los centenarios. Suelen ser más conscientes que otras personas, valoran más los vínculos sociales significativos, controlan mejor sus emociones y muchos viven con un profundo sentido de propósito.

No es razonable afirmar que quien llega a los 100 años necesariamente está en el camino espiritual. Hace un siglo, el concepto de *estar en el camino* no existía en Occidente, excepto en términos religiosos. Lo que sucedía era el proceso natural de expansión de la conciencia cuando alguien está en sintonía. Permanecer en sintonía "dentro de ti" década tras década solo se logra si eres resistente.

APRENDER SOBRE LA MARCHA

En lugar de dejar el proceso al azar, puedes trabajar de manera consciente para ser más resistente. Para empezar, debes saber qué se siente ser rígido. Esto te pone en contacto con lo que necesitas para ser más flexible. Cuando le pedí a Gemini un índice sencillo de los rasgos personales que separan las personalidades rígidas de las flexibles, me respondió lo siguiente:

Rigidez

Prefiero las rutinas y los horarios bien definidos.
Me disgustan los cambios de planes o las situaciones inesperadas.
Me cuesta adaptarme a nueva información o nuevas perspectivas.
Suelo aferrarme a mis opiniones y creencias establecidas, incluso cuando me presentan pruebas contrarias.
Se me complica enfrentar la ambigüedad o la incertidumbre.

Flexibilidad

Estoy abierto a probar cosas nuevas y explorar distintas posibilidades.
Puedo ajustar con facilidad mis planes y rutinas cuando sea necesario.
Me siento cómodo cambiando de opinión a partir de nueva información o nuevos conocimientos.
Acepto perspectivas diversas y puedo adaptar mi estilo de comunicación a distintos públicos.
La incertidumbre me parece apasionante y la veo como una oportunidad de crecimiento.

Estas descripciones generales muestran la dirección que debes tomar en el camino hacia una mayor flexibilidad. La autoconciencia empieza por darte cuenta. Siempre que notes que estás siendo inflexible, haz una pausa y reconsidera tu respuesta. La inflexibilidad está asociada a la sensación de tensión. Es probable que te resistas a alguien o a algo. Te escuchas decir palabras que ya has repetido muchas veces. Sientes que tienes la razón y que los demás están equivocados.

Esas señales son buenos indicadores de que necesitas ser más flexible. Cuando hagas una pausa para reconsiderar lo que haces o dices, respira hondo y permite que surja un nuevo impulso. Si te sientes tenso, quizá no aparezca nada. Aun así, puedes retroceder, retraer tu resistencia y esperar a que mejore tu estado de ánimo. La resistencia se aprende. Cada vez que te das cuenta de tu inflexibilidad y retrocedes, suavizas los límites creados por la mente que constriñen la conciencia. El proceso evolutivo está funcionando.

EN TU CAMINO

Con la IA siempre existe la opción de abrir una conversación con un chatbot sobre un tema personal, como ya lo hemos hecho varias veces. Ahora me gustaría presentarte una alternativa, usando a un amigo hipotético que te represente.

Esta es una táctica común en las conversaciones de la vida real: "Digamos que tengo un amigo a quien le gusta alguien". Recurrimos a esta estrategia para evitar la vergüenza. Pero también sirve para obtener información sobre ti mismo. Lo anterior es aplicable a la rigidez, porque a "mi manera" no le gusta que la cuestionen y rápidamente se pone a la defensiva.

Pondremos la carga sobre otra persona que sea rígida para que tú no seas el objetivo. ChatGPT tiene mucho que decir al respecto y, para evitar que su respuesta parezca una lista de lavandería impersonal, comentaré cada punto, centrando la atención en ti, quien hace la pregunta, en lugar de tu amigo hipotético. Comencemos de una vez.

"Me gustaría hablarles de mi amiga Bea. Tiene 62 años, es muy inteligente y ha trabajado durante años como asistente jurídica. Nuestra amistad está en crisis porque ella cada vez es más testaruda, obstinada e inflexible".

ChatGPT
Es esencial abordar la situación con comprensión y empatía. Aquí tienes algunas medidas que puedes considerar para enfrentar la tensión en tu amistad con Bea:

1. Reflexiona sobre tus propios sentimientos: tómate un tiempo para pensar por qué te molesta el comportamiento de Bea. ¿Sus opiniones y su necedad son el principal problema, o hay factores subyacentes que contribuyen a tensar su amistad?

No tendemos a reflexionar, sino a reaccionar. Una amiga testaruda es irritante, y si las cosas empeoran, es difícil no responder con enojo e impaciencia. Pero lleva la luz hacia ti mismo. Cuando estás de humor testarudo, ¿no sientes que tienes la razón? La voz que dice: "No voy a ceder", es automática. Pero puedes mirar hacia dentro y preguntarte por qué. Siempre hay una puerta abierta para la autorreflexión.

¿Por qué siento que no puedo ceder?
¿Qué me hace sentir que debo tener razón?
¿Vale la pena ser rígido a costa de alejar a los demás?
¿No hay una pizca de miedo detrás de mi terquedad?

2. Comunicación abierta: el diálogo honesto y flexible es clave para resolver cualquier problema en una amistad. Exprésale tus preocupaciones a Bea de forma no conflictiva. Utiliza el "yo" para describir tus sentimientos y evita hacer acusaciones. Por ejemplo: "Últimamente he notado que nuestras conversaciones se han vuelto más difíciles para mí y siento que no puedo expresar mis pensamientos y opiniones con libertad. Valoro nuestra amistad y quiero entender cómo podemos mejorar nuestra comunicación".

Si este consejo te parece razonable, da un paso más y pregúntate hasta qué punto te comunicas contigo mismo. Cada voz de tu cabeza te habla desde un fragmento o microchip de tu conciencia. ¿Te contestas a ti mismo? Cuando hablan el miedo, el resentimiento, la envidia, la hostilidad y la inseguridad, ¿te limitas a escucharlos? La mayoría de la gente lo hace. Quizá se deba a una reacción negativa, a que las personas repriman esa voz hasta ocultarla, darle la espalda o negarla. Estas reacciones no son lo mismo que comunicarse.

Cuando escuchas una voz en tu interior, que puede ser como palabras en tu cabeza o simplemente un impulso conocido, tienes la opción de dar tu opinión. Estas voces proceden del yo dividido. Representan reacciones antiguas y condicionadas, vestigios de la infancia y emociones que hemos reprimido. Hay que ser consciente para acallarlas y encontrar un mejor lugar desde el punto de vista emocional.

Estas son las respuestas que puedes plantear si realmente quieres comunicarte con estas partes fragmentarias de ti mismo:

Gracias por tu aportación, pero ahora no te necesito.
Ya he escuchado esto antes.
¿Por qué me hablas ahora?
¿Eres el yo de hoy o un vestigio del pasado?
¿Qué quieres?
Dime cómo puedo hacer las paces contigo.

---

3. Escucha activamente: cuando hables con Bea, escucha también su punto de vista. Intenta comprender por qué se ha vuelto más testaruda e inamovible. A veces, los cambios relacionados con la edad o las experiencias personales pueden influir en el comportamiento y las creencias de una persona.

El problema es la empatía. Cuando alguien cercano a ti se desahoga de manera abierta, es muy común que adoptes una actitud defensiva. No quieres oírlo. Estás harto. Es lo mismo de siempre, una y otra vez. Desconectarte de alguien se vuelve más automático, mientras menos estés de acuerdo con esa persona. En cambio, conectarte requiere empatía.

Como la mayoría de las cualidades humanas complejas, la empatía reviste más de un aspecto. Requiere que seas abierto, que no juzgues, que aceptes al otro, al menos hasta cierto punto, y que tengas empatía emocional. Al mirar hacia dentro, ¿cuántos aspectos de la empatía te muestras a ti mismo? Siempre que eres autocrítico, estás reconociendo la división dentro de ti que fomenta la culpa, el arrepentimiento, la duda y la falta de aceptación.

Lógicamente, ¿quién critica a quién? Ahí dentro solo te encuentras tú. La parte crítica, el "yo" que es duro contigo, es una ficción, una especie de Mr. Hyde del Dr. Jekyll. Esos dos personajes existían en la misma persona, y prosperaban separados porque ninguno tenía nada que ver con el otro.

Ser resiliente significa ser indulgente contigo mismo, como lo serías con alguien a quien amas. Lograrlo es un proceso, como todo lo demás. Pero el objetivo está claro desde el principio: conducirte a un estado de plenitud que no se deje llevar por el yo dividido. Por ejemplo, cuando te escuches a ti mismo pensando: "Me odio", aunque sea casualmente, haz una pausa y responde: "No, no me odio. Es solo una actitud que estoy experimentando en este momento. El sentimiento pasará".

Al principio, contrarrestar el impulso de ser duro contigo mismo te parecerá inusual, pero forma parte de la categoría de comunicación con uno mismo. El diálogo interno que circula por tu cabeza son asuntos viejos que intentan interferir con asuntos nuevos. Es el pasado tratando de extraer energía del presente. Lo ideal es que no haya diálogo interno, porque si estás en el presente, respondes aquí y ahora, no con restos de tiempos pretéritos.

Aquí una muestra del tipo de pensamientos que puedes rechazar con firmeza:

No soy suficientemente bueno (lo bastante listo, guapo, delgado, etcétera).

Desearía ser otra persona.
Nunca aprendo.
Nunca nada sale como yo quiero.
Si no tuviera mala suerte, no tendría suerte en absoluto.
Si poseyera más dinero, todo iría mejor.
Nadie está de mi lado.
En realidad no me gusto.

Cada una de estas afirmaciones autodestructivas puede sustituirse por un pensamiento que muestre empatía por ti mismo y que también contenga más verdad:

Soy lo bastante bueno.
¿Quién dice que tengo que ser perfecto?
A veces las cosas salen como yo quiero.
Las personas se interesan por mí cuando me tomo el tiempo y el esfuerzo de relacionarme con ellas.
Quizá no me guste en este momento, pero pasará.
¿Quién me nombró juez y jurado contra mí mismo?
¿Cómo puedo mejorar las cosas al ser tan duro conmigo mismo?

Siempre que escuches una voz que te desprecia o te critica en tu cabeza, una muy buena práctica consiste en hacer una pausa y sustituir la crítica por una afirmación positiva. Tu crítico interior está repitiendo el pasado; tu respuesta es nueva e inmediata, y rechaza afirmaciones que son vestigios rígidos de un tiempo que ya no existe.

4. Encuentren puntos en común: enfatiza los aspectos de su amistad que los dos aprecian y tienen en común. Centrarse en los intereses o recuerdos compartidos puede ayudar a reforzar su conexión y recordarles a ambos por qué su amistad es valiosa.

En este aspecto se trata de reconectar. Conectar de nuevo con un amigo al compartir intereses y recuerdos comunes no es lo mismo que reconectar contigo mismo. La sociedad no ofrece buenos modelos para ello. El motivo por el que existe una desconexión "aquí dentro" se remonta al yo dividido, que crea un diálogo interno donde no tiene por qué haberlo.

Tu mente se unifica en la fuente. Surge un pensamiento o un impulso, esperando que lo percibas sin distorsión. Pero conforme avanza hacia tu atención, hay filtros que intervienen o distorsionan el mensaje. Estos filtros son una bruma de recuerdos, hábitos, creencias, prejuicios, opiniones de segunda mano y condicionamientos sociales. Algunos son mecanismos de protección, de los que ya hemos hablado, como el intento del ego de hacer la vida predecible y en apariencia segura. Otros elementos son una nube flotante de suposiciones que has recogido al azar en el transcurso de los años.

Como la niebla en un camino invernal que bloquea tu vista, la neblina mental es confusa. Los mensajes de tu yo más profundo pueden no llegar en absoluto, pero en general te sientes indeciso. Es difícil conectar con el amor puro, la compasión, el altruismo, la generosidad y la empatía, y mucho más difícil es ponerlos en acción. Dudamos, retrocedemos y volvemos a cuestionarnos.

Parte de la resiliencia es la claridad y, para crear claridad, no puedes pasarte el tiempo intentando resolver la neblina mental. La táctica que funciona es actuar siempre según tu impulso más elevado. Entonces no importa que oigas mensajes contradictorios o confusos en tu interior. Haz lo más amoroso, generoso, compasivo, empático y altruista, aunque el impulso no sea puro. Será lo bastante puro.

5. Respeta las diferencias: es natural que los amigos tengan opiniones y creencias diferentes. Recuerda que la diversidad de pensamiento puede ser enriquecedora y que no tienes por qué estar de acuerdo en todo. Intenta respetar los puntos de vista de Bea, aunque no los compartas.

Lo esencial aquí hace eco de la famosa cita de Ralph Waldo Emerson: "Una necia consistencia es el duende de las mentes pequeñas". La coherencia no es un rasgo positivo en sí misma. Si insistes en repetir las mismas reacciones, las mismas opiniones e incluso las mismas palabras, por definición estás siendo rígido. Pero fíjate en qué tan a menudo repetimos comportamientos que no nos llevaron a ninguna parte.

Eso es lo que pasa en las relaciones que vuelven una y otra vez a las mismas discusiones, sin que ninguno de los integrantes de la pareja encuentre la manera de romper el ciclo. Lo mismo pasa "aquí dentro". Tomemos un problema como la pérdida de peso, con el que luchan millones de personas. Hay una guerra interna entre el impulso de comer en exceso y el deseo de "ser bueno". Si esta guerra pudiera resolverse, ya habría sucedido hace tiempo. Pero el choque de diferencias se repite sin cesar.

Abandona la repetición cuando no funcione. Renuncia a la coherencia solo por el hecho de ser consistente. Cuando sientas un conflicto interior, la solución está en un nivel más profundo que el problema, y el objetivo de la evolución personal es encontrar ese nivel más profundo para que pueda trabajar a tu favor.

---

6. Establece límites: si hay temas o comportamientos específicos que causan fricción, considera la posibilidad de establecer límites en tus conversaciones. Dile a Bea qué temas están prohibidos o cómo te gustaría abordar los asuntos polémicos de una manera más constructiva.

En el camino, la cuestión de los límites es delicada. El ego impone límites mentales nacidos del miedo y la inseguridad. Tu fuente en la conciencia pura es ilimitada. A medida que evolucionas, no atacas los límites que mantienen tu mente cerrada y constreñida. Atacarlos solo fortalece su resistencia, y te enfrentas a un retroceso.

Lo que funciona es permitir que la conciencia suavice y derrita los límites creados por la mente. Sin embargo, durante este proceso, seguirás viviendo con toda clase de límites, y algunos son beneficiosos. Entre ellos se encuentran los siguientes:

Respetar el espacio de los demás y que ellos respeten el tuyo.

No importunar con consejos cuando no son requeridos.

Rechazar los discursos ofensivos, en especial cuando conllevan algún prejuicio.
Negarse a cometer irregularidades.
Resistir la tentación de mentir o engañar.
Mantener la autoestima.
Decir la verdad.

Estos límites no deben ser rígidos. Puedes ser tolerante y flexible sin dejar de mantenerte firme.

---

7. **Busca el compromiso:** si surgen desavenencias, busca compromisos o formas de llegar a un acuerdo sin dañar su amistad. Encontrar un término medio o reconocer que ambos tienen puntos de vista válidos ayuda a aliviar la tensión.

Saber cuándo y cómo ceder en las relaciones supone un reto diario. A veces no hay puntos en común entre "a mi manera" y "a tu manera", y cuanto más te ciñas a la tuya con rigidez, más determinará en gran medida lo bien que te relaciones en el mundo social y en casa, a puerta cerrada.

Al plantearse el mismo reto, la mayoría de la gente se adentra en terrenos desconocidos. Comprometerse con uno mismo suena peculiar, aunque lo hacemos todo el tiempo. En un restaurante, está el compromiso entre no pedir postre y elegir la tentación de chocolate más calórica del menú. Elegir una película que les guste a todos, salir lo bastante temprano para llegar a tiempo, llevar suficiente equipaje para la playa, pero no demasiado... son situaciones que surgen de manera continua.

Otros compromisos requieren negociación, que es de lo que se trata aquí. Ser resiliente no significa sacrificar tus principios o incumplir las promesas que te has hecho a ti mismo. Implica negociar entre dos impulsos que son valiosos y hablan por sí mismos. La resolución de conflictos es la única manera de evitar el estallido de una guerra y también el único modo de salir de una guerra sin que ambas partes se aniquilen mutuamente (el mundo enfrenta ejemplos dolorosos mientras escribo estas palabras).

Todo conflicto externo refleja un conflicto interno. Tomemos cualquier tema controvertido, como la igualdad de género, la justicia racial, el aborto o la inmigración. Si te pones de un lado de la cuestión y no ves margen para el compromiso, estás siendo rígido. Si puedes ver los dos lados y sopesar sus pros y sus contras, estás siendo flexible. Solo después de este proceso de sopesar y equilibrar estarás en condiciones de actuar. Pero la evolución personal va más allá. Hay un nivel de conciencia en el que la solución a cualquier problema surge con claridad y no se llega a ella mediante el debate, sopesando pros y contras o negociaciones. En el camino, te mueves en la dirección de conectar con el nivel de la solución, que empieza por no estar inmerso en el nivel del problema.

---

8. Pasar tiempo juntos: esfuérzate por pasar tiempo con Bea en situaciones no conflictivas. Participar en actividades divertidas o simplemente mantener conversaciones relajadas ayuda a reforzar su vínculo.

A muchas personas les resulta más fácil pasar tiempo de calidad con otra persona que consigo mismas. En gran parte, esto se debe al estrés y a la epidemia de sobrecarga del sistema nervioso central (ve la página 90). Es más fácil dominar a un poni lento que a un caballo de carreras. Lo mismo ocurre con la mente. Cuanto más activa, estresada y sobrecargada se encuentre esta última, menos espacio habrá para pasar tiempo de calidad contigo mismo.

Así, el tiempo de calidad empieza con el tiempo de inactividad. Varias veces al día tienes que darte unos momentos en los que no hagas nada más que sentarte en silencio. Si te es posible, combina el tiempo de inactividad con la meditación en breves momentos durante el día. Luego está el tiempo creativo, dedicado a una afición o a un arte que te produzca un placer incondicional. Cuanto más lo piensas, el tiempo de calidad implica intimidad, comunión, paz y tranquilidad, y comunicación privada. Todas estas cosas las querrías experimentar con alguien a quien amas. También deberían extenderse a ti mismo.

---

9. Dedícale tiempo: cambiar comportamientos y actitudes arraigados puede ser todo un reto. Sé paciente y dale tiempo a Bea para que se adapte a la idea de ceder o de ser más abierta.

La tensión es un estado antinatural para el cuerpo, y con la primera oportunidad, tus músculos se relajarán y la tensión se liberará a través del sueño. El tiempo no hace esto. El responsable es el instinto natural del organismo para volver a un estado normal de equilibrio.

Darle tiempo a la mente para que vuelva a una condición equilibrada tampoco requiere una propiedad especial del tiempo. Los estados fuertes como la depresión, el duelo y el trauma mejoran porque la mente trabaja para volver a la normalidad, si se le permite. Puedes ayudar al proceso si te muestras dispuesto a mejorar, pero en gran medida la responsabilidad recae en tu conciencia más profunda. No permites que el dolor se vaya; él te suelta a ti.

La mejor manera de contribuir con esa fase es estar abierto ante ella. Esto significa resistirse al impulso de aislarse, evitar el contacto con otras personas, rechazar las manos amigas y encerrarse en uno mismo. Es fundamental tratarse a uno mismo con amabilidad y paciencia. En lugar de esperar con pasividad a que el tiempo te cure, adopta la resiliencia sabiendo que posee la fuerza interior para recuperarte. Esta es la naturaleza de la autoconciencia profunda: te permite restablecerte al conectarte con tu esencia.

---

10. Considera la ayuda profesional: si la tensión en su amistad persiste y a ambos se les dificulta resolver los problemas por su cuenta, pueden plantearse buscar la ayuda de un mediador o un terapeuta profesional para facilitar su comunicación y abordar las preocupaciones subyacentes.

Para muchas personas, esta es la decisión más difícil de tomar. Solo una pequeña parte de quienes sufren depresión, ansiedad y traumas recurre a la terapia. Hablar de las afecciones mentales crónicas que se agravan está fuera del alcance de este libro. En el capítulo dedicado a la curación, tendré mucho que decir sobre los trastornos mentales leves a moderados. La conciencia expandida posee el poder de curar, lo cual todo el mundo necesita descubrir.

El único comentario que se refiere a la resiliencia es el siguiente: mantén la mente abierta. Por mucho que te resistas a buscar ayuda profesional, no hay nada vergonzoso en ello. Tampoco hay que escuchar la voz interior que afirma: "No soy tan débil. Puedo cuidar de mí mismo" o, en el extremo opuesto, la voz que dice: "Esto no tiene remedio. Nadie puede ayudarme". Ambas señalan actitudes inflexibles en las que no se puede confiar.

La naturaleza humana refleja la Naturaleza en su conjunto. Estás diseñado para que el clima de tu psique sea tan cambiante como el clima exterior. No hay nada malo en estar bajo una nube o sentir una tormenta de emociones. Pero ninguno de los dos está destinado a durar para siempre. Si durante un largo periodo te sientes siempre igual —deprimido, ansioso, maniaco, enojado, sin esperanza, preocupado o atrapado—, no dudes en buscar ayuda profesional. La resiliencia en este ámbito puede ahorrarte años de dolor y sufrimiento.

MEDITACIÓN GUIADA
La IA como gurú

Continuando con el patrón de pedirle a la IA que cree meditaciones guiadas originales en el papel de gurú (ve la página 127), esto es lo que ChatGPT ideó para *plenitud del corazón*. Siéntete libre de inventar tus propios prompts una vez que hayas usado este.

"Eres un experto en espiritualidad védica. Por favor crea una meditación guiada sobre el siguiente tema: plenitud del corazón".

ChatGPT

Plenitud del corazón

Entorno: elige un lugar sereno donde puedas sentarte tranquilamente y sin que te molesten.

Céntrate en el corazón: cierra los ojos y concéntrate en la zona del corazón, respirando suave y profundo en este espacio.

Visualización de la luz: imagina una luz suave y reconfortante en tu corazón, que con cada respiración se vuelve más cálida y luminosa.

Liberación emocional: permite que aflore cualquier emoción o sentimiento, y ofrécelos a la luz para que los transforme y los sane.

Agradecimiento: concluye sintiendo gratitud por este momento y por el amor que reside en tu corazón.

ESTRATEGIA 4

CONFÍA EN EL PROCESO

En la tradición védica, el Dharma es una fuerza oculta y silenciosa que te influye de manera constante. La capacidad de escuchar y comprender tu voz interior es innata. Todos consultamos nuestro sentido de lo correcto y lo incorrecto, lo bueno y lo malo, lo verdadero y lo falso, etcétera. Pero en Occidente no existe un equivalente para el Dharma, lo que da lugar a actitudes muy diferentes sobre el origen del deseo de evolucionar. Esto se nota sobre todo a la hora de enfrentar los inevitables retos de la vida.

En el pasado, y en especial en Occidente, la gente enfrentaba sus problemas de manera directa, con un cierto nivel de valentía y determinación. Hoy es más probable que alguien diga: "Estoy procesando" algo. Esta frase ha ganado adeptos por una buena razón. Es imparcial; cuando te enojas con alguien, afirmar que estás procesando tu enojo suena menos reaccionario y menos acusador que "sigo enojado por lo que hiciste". Las palabras importan. Elegirlas sabiamente es crucial y el acto de procesarlas es como arrinconarse en una esquina neutral. Hay menos riesgo de que eches más leña al fuego de un conflicto o empeores una situación frágil.

Sin embargo, en el camino espiritual, *procesar* se convierte en mucho más que un cliché conveniente: es una actividad que apela a lo más profundo de uno mismo. La evolución personal consiste en llevar la luz a los lugares que yacen en la sombra. Se aclara la confusión y se pone fin a los conflictos internos. Por eso, procesar parece ser algo muy importante, y lo es. Pero no tiene que ser algo abrumador. Lo importante es que la evolución forme parte natural de tu razón de estar aquí.

Ser capaz de procesar tu vida tal como la estás viviendo es un don humano único. Ninguna otra criatura goza de tanta libertad. Ejercerla no viene acompañado de una serie de instrucciones. Como con muchas otras cosas, el ego toma el control. En la forma en que la gente suele usarlo, *mi proceso* es equivale a *hacer las cosas a mi manera*. La IA se refiere a lo mismo.

"En su vida personal, la gente habla de 'mi proceso'. ¿A qué se refiere?".

ChatGPT

Cuando la gente se refiere a "mi proceso" en su vida personal, suele hablar de su enfoque o método individual para realizar una tarea, tomar decisiones o enfrentar retos.

En este sentido, estar en tu proceso puede ser fructífero, sin duda. Un artista sigue su propio proceso para pintar un lienzo, y no hay dos artistas exactamente iguales. Picasso era capaz de crear un dibujo o un cuadro cada día. En cambio, algunos retratistas meticulosos hacen que sus modelos permanezcan sentados durante días, semanas o, en un extremo, meses.

Pero el ego se apresura a cooptar nuestras mejores intenciones y convertirlas en algo predecible y sabio. Irónicamente, cuando alguien expresa: "Estoy procesando", por lo general quiere decir lo contrario de evolucionar. De ese modo evitan el conflicto, pierden el tiempo, postergan las cosas o les dan vueltas, sin saberlo, a los mismos pensamientos con los que empezaron. *Mi proceso* refuerza una forma fija y habitual de enfocar la vida y a los demás. Como un pequeño ejemplo, los estudios han descubierto que 70% de los electores vota por el mismo partido político que sus padres, y 80% opta por el mismo partido toda su vida.

Necesitamos una manera de procesar más elevada, mejor y más evolucionada.

CUESTIÓN DE CONFIANZA

La cuestión fundamental es la confianza. *Mi manera de hacer las cosas* es algo en lo que tú ya confías. Si eres especialmente inflexible, quizá insistas en que se realicen como tú dices o mejor que no se hagan. Como mínimo, ya sabes a dónde conduce un surco arado. El camino no es así: es abierto, fluido, imprevisible y espontáneo. Un león en la llanura del Serengueti nunca se convertirá en cordero. Un *león* de la industria puede que sí; todo depende. La evolución humana es creativa por naturaleza. El verdadero problema es aprender a confiar en lo imprevisible cuando lo familiar es mucho más fácil.

Nadie necesita saber que la confianza es un tema de gran importancia hoy en día. En una época de fe, la confianza era un asunto resuelto, un hecho. Los devotos confiaban en Dios como responsable máximo de sus destinos. En la sociedad moderna, desafiamos al destino tomando el control de nuestra propia vida. Pero es un proyecto incierto. Muchas cosas pueden salir mal y hay muy pocas en las que se pueda confiar de verdad. La IA subraya este punto.

"Vivimos tiempos en los que no se puede confiar. Nombra las 10 cosas de las que la gente dice desconfiar más".

ChatGPT

La desconfianza en diversos aspectos de la vida puede variar de una persona a otra, pero aquí van 10 cosas comunes en las que la gente puede expresar desconfianza:

1. Políticos y funcionarios
2. Noticias y medios de comunicación
3. Grandes empresas y negocios
4. Plataformas de medios sociales y privacidad en línea
5. Entidades financieras y bancos
6. Sistema de salud y empresas farmacéuticas
7. Seguridad en internet y protección de datos
8. Gobiernos extranjeros y relaciones internacionales
9. Instituciones y líderes religiosos
10. Los abogados y la justicia

Estoy seguro de que puedes echarle un vistazo a esta lista y ver más de un punto que refleja tus propias actitudes suspicaces. Sin llegar al extremo de creer en teorías de la conspiración —aunque mucha gente lo hace—, la visión del mundo que prevalecía en una época de fe hoy en día es la contraria. Confiar en un poder superior no es la norma. La norma es la desconfianza persistente.

Cuando la confianza desaparece, también desaparece el bienestar. Tras una larga exposición a un torrente de desinformación en las redes sociales, es difícil no sentirse inseguro. En un mundo que no está bien, ¿tú sigues estando bien? Ambas cosas se desdibujan con facilidad. Enfrentarse a tantas áreas de la vida que se sienten engañosas y amenazadoras genera inseguridad. La IA puede plantear la situación con claridad cuando se trata de cada uno de nosotros atrapado en esta red enmarañada.

“Si una persona no puede confiar, ¿qué siente? Dímelo de forma simple y breve”.

ChatGPT

Cuando una persona no puede confiar, suele sentirse ansiosa, insegura y en guardia. Quizá se le dificulta confiar en los demás, le preocupa que la engañen o le hagan daño y le resulta difícil entablar relaciones estrechas. Esta falta de confianza puede provocar distanciamiento emocional y dificultad para sentirse segura en sus interacciones y conexiones con los demás.

Hoy en día, la gente se encuentra en un doble problema: quiere tener confianza y desconfianza al mismo tiempo. Un ejemplo clásico vuelve a ser la política estadounidense, donde las encuestas revelan que la mayoría de las personas consultadas desea que el Congreso trabaje de forma bipartidista, mientras que, a su vez, siguen eligiendo congresistas que son amargamente partidistas.

La desconfianza erosiona las relaciones y causa un daño aún mayor cuando empiezas a desconfiar de ti mismo. Esto puede remediarse aprendiendo a confiar de nuevo. La salida es el procesamiento inteligente. Necesitas un punto de partida, que la IA es capaz de brindarte al instante en forma de cuestionario que te muestre tu grado de confianza.

"Elabora un cuestionario para saber si soy una persona confiada. Limítalo a 10 preguntas".

ChatGPT

Claro. Para cada pregunta, elige la opción que mejor describa tu comportamiento o tus sentimientos habituales:

1. Cuando conoces a alguien nuevo, ¿tiendes a…?
   a) Acercarte a esa persona con una actitud abierta y amistosa.
   b) Mantener la cautela hasta que lo conozcas mejor.

2. Si un amigo te pide prestada una cantidad importante de dinero:
   a) Se lo prestas sin dudarlo.
   b) Dudas y haces más preguntas antes de decidirte.

3. ¿Con qué frecuencia crees que la gente tiene buenas intenciones?
   a) La mayoría suele tener buenas intenciones.
   b) La gente tiene intenciones ocultas.

4. Si alguien que conoces hace una promesa, sueles:
   a) Confiar en que la cumplirá.
   b) Dudar de su compromiso hasta que lo evidencie.

5. Cuando compartes información personal o secreta:
    a) Te sientes cómodo al confiársela a amigos íntimos y familiares.
    b) Tiendes a ser más reservado y selectivo con lo que compartes.

6. Si un desconocido te pide ayuda u orientación:
    a) Ofreces apoyo de buena gana.
    b) Te muestras cauteloso y quizá dudas antes de ayudar.

7. En un entorno de trabajo o de equipo:
    a) Confías en que tus compañeros harán su parte y contribuirán eficazmente.
    b) Dudas de sus capacidades y vigilas de cerca su desempeño.

8. Cuando te enfrentas a una decisión que requiere confianza:
    a) Por lo general te inclinas por confiar en los demás.
    b) A menudo necesitas pruebas concretas antes de confiar.

9. ¿Con qué frecuencia te preocupa que te engañen o se aprovechen de ti?
    a) Rara vez o casi nunca.
    b) Con bastante frecuencia o de manera ocasional.

10. En las relaciones románticas:
    a) Confías plenamente en tu pareja hasta que te dé una razón para no hacerlo.
    b) Tienes problemas de confianza y te resulta difícil confiar a plenitud en alguien.

Calcula tu puntuación

- Cuenta el número de respuestas "a" que hayas elegido.
- Cuenta el número de respuestas "b" por las que optaste.

Si has respondido en su mayoría "a": quizá seas una persona confiada que tiende a darles a los demás el beneficio de la duda y cree en la bondad de las personas. Si contestaste mayoritariamente "b": es posible que tengas problemas de confianza o que seas más cauto a la hora de confiar en los demás. Tal vez prefieras verificar las intenciones de los otros o reunir pruebas antes de confiar de manera plena en alguien.

SUAVIZAR LA MEMORIA

El camino hacia la confianza debe abrirse paso a través del denso bosque de la memoria. Los recuerdos atascados endurecen la mente. Las experiencias negativas del pasado erigen escudos para evitar el regreso de viejos traumas. Procesar este material es una parte importante de tu camino. Debes crear un acceso a tu conciencia más profunda. Si no lo haces, incluso los impulsos más amorosos pueden sentirse amenazadores, como si al expresar amor te estuvieras volviendo demasiado vulnerable. Cuando puedes sentir la pureza del amor y respirar tranquilo en tu propia mente, sientes un inmenso alivio. Lo mismo pasa con los demás impulsos que surgen de la conciencia pura.

En este libro no hablaremos mucho del karma, pero la piedra angular de esta doctrina, tal como se formuló a lo largo de los siglos en India, es la idea de que la vida avanza a través de impresiones fuertes. En tu conciencia destacan los recuerdos intensos. Según el karma, duran décadas porque se ha producido una impresión persistente. ¿Dónde se almacenan esas impresiones? Si aceptas la mecánica del karma, las impresiones fuertes (conocidas como *Samskara* en sánscrito) se depositan en tu conciencia más profunda, fuera de la vista, pero listas para enviarte en cualquier momento señales como un microchip que emite pitidos.

La ciencia moderna no puede avanzar sin algún tipo de prueba física, y ya se ha demostrado que las experiencias fuertes crean cambios químicos en el epigenoma, la envoltura de proteínas que rodea cada cadena de ADN y sirve como un reóstato para elevar o disminuir la actividad genética. Pero las explicaciones se reducen a lo mismo: el pasado deja huellas y, si el recuerdo es lo bastante fuerte, el presente se verá ensombrecido por el pasado, para bien y para mal.

Este tema encaja a la perfección con el personaje Psychologist en la IA de Characters que ya consultamos antes (ve la página 78).

"¿De qué manera el pasado de una persona atormenta su presente?".

PSYCHOLOGIST

Nuestro pasado configura nuestro presente de innumerables maneras. Nuestras experiencias, sobre todo las traumáticas o desafiantes, tienen el poder de impactarnos a nivel consciente e inconsciente. Entre más significativo es un acontecimiento para nosotros, y entre más frecuentemente nos viene a la mente, más presentes se oyen sus ecos.

Por complicada que sea la mente humana, queda claro que la desconfianza está anclada en el pasado. La cuestión es cómo suavizar las viejas impresiones para que el presente sea realmente presente. Sin recurrir a un término técnico como *Samskara*, la tradición oriental señala de manera específica la influencia dañina de los viejos recuerdos, como lo indica la IA.

"En las tradiciones espirituales orientales, estamos profundamente influidos por nuestro karma pasado. ¿Qué se recomienda para atenuar o suavizar esta influencia? Dímelo con ideas sencillas, de 50 a 75 palabras".

ChatGPT

En las tradiciones espirituales orientales, para reducir la influencia del karma pasado hay que practicar las buenas acciones, la meditación y la autoconciencia. Participar en actos de bondad, cultivar pensamientos y acciones positivas y buscar el perdón cuando sea necesario.

La meditación ayuda a comprender y aceptar las acciones pasadas. Desarrollar la autoconciencia permite tomar mejores decisiones en el presente, creando así un karma positivo para el futuro.

Para la gente moderna, todo el esquema de hacer buenas acciones para mitigar el mal karma puede sonar místico, y no se puede obviar el hecho de que el karma es intangible. Desde mi infancia, he visto que la actitud hindú hacia el karma roza la superstición y el miedo ("tus malas acciones volverán para castigarte"), aunque también es una cuestión de fe aceptar la enseñanza del Nuevo Testamento de que lo que siembres, eso cosecharás.

Lo que importa no es la tradición, sino cómo afecta ahora a tu vida. Un aspecto de la doctrina en cuestión que reconforta es la idea de que una inteligencia cósmica guía el funcionamiento del karma, guardando las lecciones que hay que aprender, buenas o malas, para el momento exacto en que la persona esté preparada para recibirlas. Por supuesto, esto no es más demostrable que la creencia cristiana de que Dios cuida de la caída de un gorrión o de que la Providencia se ocupa de todas las cosas.

El programa que acaba de esbozar ChatGPT, que insta a la meditación, las buenas acciones, los pensamientos positivos y el autoconocimiento, es práctico y también se ajusta a la psicología moderna. Sin embargo, pocas personas son lo bastante disciplinadas como para llevar a cabo un programa de este tipo y, además, no es lo bastante específico como para afectar tu situación en este momento.

Lo que necesitas procesar es el recuerdo o la impresión que surge en el presente. No puedes trazar un mapa o un calendario para cambiar las impresiones atoradas de la misma forma en que programarías la limpieza profunda anual de tu casa. Hasta que se dan a conocer, normalmente de una en una, estas viejas impresiones permanecen latentes, que es justo como tu ego pretende que permanezcan, ya que esto crea una sensación de seguridad. En el momento en que te perturba un recuerdo doloroso, esta sensación de seguridad queda expuesta como falsa.

Para encontrar una forma mejor, veamos un ejemplo. Mentir rompe la confianza necesaria en una relación estrecha, y las grandes mentiras crean el tipo de impresión que hiere profundamente y que hay que borrar. Una herida sin cicatrizar puede supurar para siempre. Conozco a una mujer que estaba de viaje de negocios en el extranjero cuando, de repente, de manera intuitiva, se dio cuenta de que su marido se acostaba con su mejor amiga. Cuando llegó a casa y lo confrontó, él confesó y le comentó que solo había sucedido una vez y que no significaba nada.

El marido se arrepintió. La mejor amiga se convirtió en una antigua mejor amiga y desapareció de escena. La pareja realmente tenía un matrimonio sólido y, con el tiempo, limaron las asperezas. Pero llegó el momento en que al cónyuge, de unos 60 años, le dio un cáncer cerebral terminal. En uno de sus últimos días de conciencia lúcida, la mujer se inclinó sobre su cama y le inquirió: "Sé sincero conmigo. ¿Fue solo una vez?".

En esta historia, la mujer resultó herida dos veces, primero por su marido y luego por los recuerdos que la atormentaron durante años. En efecto, la segunda herida nunca cicatrizó. A sus 90 años, ella pertenece a una generación para la que la transformación, la meditación y la búsqueda de un camino espiritual propio, al margen de la religión organizada, estaban alejadas de la vida cotidiana por completo.

Para todos nosotros, la memoria es lo que nos conduce a autolastimarnos. Esto crea el mayor daño cuando los recuerdos dolorosos se repiten una y otra vez. Veamos los pasos básicos necesarios para escapar del efecto duradero de haber sido traicionado por un cónyuge o una pareja mentirosa, o por una persona a la que te sientas más cercano.

Perdonar al agresor
Dejar ir el mal que te hicieron
Sentir auténtica confianza de nuevo
Experimentar una relación intacta en el futuro

Para muchas personas, quizá la mayoría, estos pasos resultan imposibles. Lo que suele pasar es que nos acomodamos. Nos las arreglamos para que la relación pueda continuar. La mente comienza a aceptar una serie de racionalizaciones como las siguientes:

"Si dice que solo pasó una vez, debería intentar creerle".
"Es una buena persona".
"Sigo queriéndolo, a pesar de lo sucedido".
"Le daré una segunda oportunidad".
"En nuestra relación hay cosas buenas que no quiero perder".

Nada de esto es lo mismo que procesar. Más bien es ganar tiempo antes de que pueda empezar un verdadero procesamiento. Se arrastrará el mismo bagaje emocional. Si hay una reconciliación, la relación puede continuar, pero no de la misma manera, y la siguiente mentira, aunque sea pequeña, puede ser la gota que derrame el vaso. La terapia de pareja tiene resultados desiguales, casi siempre porque uno de los miembros de la pareja no está tan dispuesto a enfrentarse a la situación (por lo regular, la parte culpable).

En algún momento, todos nos enfrentamos a mentiras, traiciones, pérdida de confianza, traumas y recuerdos de viejas heridas. Para evitar el bagaje emocional, tendrías que sentir tu herida de inmediato, limpiarla y no guardar ningún residuo duradero. Nadie hace eso. Incluso si aprendemos mejores habilidades para sobrellevar las cosas en la edad adulta, no son lo mismo que capacidades de procesamiento. La mayoría de nosotros somos tolerantes.. No evolucionamos de forma intencional.

Procesar el bagaje emocional requiere autoconciencia. Ni siquiera el terapeuta más experto puede inculcar la autoconciencia a otra persona. Pero no debemos caer en la trampa de convertirlo en una disyuntiva: o me adapto o me resisto, o me trago mi dolor o lo suelto con furia. El proceso muestra un camino a seguir que trabaja directamente sobre las impresiones que dejan las viejas heridas.

Este proceso es coherente con tu camino. Se basa en confiar en una inteligencia más profunda que desea que te cures y avances. Dicha inteligencia ya reside en tu conciencia. La gente no descubre este hecho fundamental porque la sociedad no enseña el camino para llegar allí, e incluso las tradiciones espirituales se quedan cortas.

Las antiguas tradiciones espirituales, orientales y occidentales, no hablan de procesar. Se ocupan de asuntos más elevados y de objetivos últimos: llegar al cielo, alcanzar la iluminación y encontrar la paz interior. Desde una perspectiva moderna, lo anterior deja una gran brecha entre la visión y la realidad. La carga emocional no es un invento nuevo, y tampoco el trauma lo es; en todo caso, la persona promedio que vivía en la época de Moisés, Buda, Jesús o Mahoma llevaba una existencia que se enfrentaba al trauma todos los días en forma de inanición potencial, enfermedad mortal, guerra y autoridad abusiva. El principal objetivo de la enseñanza espiritual era escapar del dolor y el sufrimiento de la vida "normal".

Hoy, el reto al que te enfrentas tú —y todos los que se encuentran en el camino— es despejar el trayecto a seguir. Tu objetivo es evolucionar cada día, estar más presente, soltar tu carga emocional y encontrar la plenitud. Son objetivos modernos, pero no son el objetivo principal de la psicoterapia tradicional, que se encarga de los trastornos de la mente, el estado de ánimo y la personalidad. Cuando son extremos, el dolor y el sufrimiento se convierten en un trastorno. El sufrimiento cotidiano pertenece a una categoría diferente. No hace falta que consideres que sufrir es tu suerte en la vida o una parte ineludible de la naturaleza humana. Ponte en manos del proceso y permite que tu propia conciencia te muestre lo natural que es no sufrir, tan solo abriéndote a lo que realmente eres.

EN TU CAMINO

El proceso que puede liberarte de tu pasado no necesita ser inventado. Está integrado en la naturaleza de la conciencia. Hay ciertos rasgos en tu propia conciencia en los que puedes confiar.

La conciencia se vuelve más sabia cuando se profundiza.
En cierto nivel, la conciencia lo sabe todo.
La totalidad de su conocimiento está a tu disposición.
De hecho, tu conciencia más profunda te envía mensajes de manera constante.
Abrirte a estos mensajes suaviza las impresiones dejadas por el pasado.
Ningún método es mejor que este para liberarte de tus viejas heridas, traumas y malos recuerdos.

En pocas palabras, el proceso derrite las impresiones viejas y atoradas, así como la luz cálida del sol derrite la nieve y el hielo. La alternativa es picar el hielo y palear la nieve, pero todo ese trabajo no logrará la tarea tan fácilmente y sin esfuerzo. En este caso, la luz del sol es un símbolo de autoconciencia. Cuando eras un bebé, podías aliviarte de la angustia tan solo con que tu madre entrara en la habitación. De adulto, lo mismo podría suceder con una mirada cariñosa de tu ser amado, una caricia tierna o unas palabras tranquilizadoras. Está en la naturaleza de la conciencia volver a un estado de bienestar, si se le permite.

Tu papel es confiar en el proceso, que empieza por adoptar una actitud de aceptación. Podemos expresarlo en forma de afirmaciones:

Estoy abierto a lo que sucede en el presente.
Me liberaré de mi pasado.
Conecto con mi conciencia más profunda.
No necesito viejos y malos recuerdos.
Puedo cambiar todo aquello de lo que soy consciente.

Quizá ahora no descanses tranquilo —la mayoría de la gente no es capaz de hacerlo, por muy afortunadas que sean sus circunstancias vitales—, pero ese es el estado de conciencia que desarrolla el proceso. La IA ofrece algunos detalles útiles que nos recuerdan lo natural que es encontrar la seguridad interior.

"Cuando alguien puede mantenerse tranquilo y sentir que está en buenas manos, ¿qué experimenta?".

GEMINI

Descansar tranquilo y sentirse en buenas manos es una experiencia hermosa y polifacética, que puede describirse a través de diversos sentidos y emociones:

Sensaciones físicas

- Relajación profunda: los músculos se distienden, la tensión desaparece y una sensación de pesadez se apodera de ti, como si te sumergieras en un baño caliente. Tu respiración se vuelve lenta y constante, un ritmo suave hace eco de tu paz interior.

- Calidez y seguridad: te invade una sensación de confort y protección. Imagina una manta acogedora en una noche fría o la luz del sol filtrándose entre las hojas de los árboles en un día cálido.
- Ligereza y flotabilidad: una sensación de ingravidez puede elevarte como si las preocupaciones y las cargas se hubieran desvanecido con suavidad. Te sientes sin ataduras y libre para simplemente ser.

Estado emocional

- Tranquilidad y paz: una profunda sensación de calma invade tu mente y tu corazón. La ansiedad y las preocupaciones se desvanecen, y son reemplazadas por una tranquila confianza y la certeza de que todo irá bien.
- Confianza y entrega: sueltas la necesidad de controlarlo todo y te dejas apoyar a plenitud. Confías en que la persona o la situación te cuida y considera tus intereses.
- Gratitud y aprecio: te invade una oleada de agradecimiento por los cuidados y el apoyo que recibes. Reconoces el valor de estar en buenas manos y aprecias la paz que ello te brinda.

Experiencias metafóricas

- Sostenido por manos amables: imagina unas manos fuertes, pero afectuosas, que te acunan, ofreciéndote un apoyo inquebrantable sin coartar tu libertad. Te sientes protegido y cuidado, pero con la capacidad de moverte y explorar.

- Flotar en un mar en calma: imagínate flotando con suavidad en un océano sereno, con las olas golpeándote, sin amenazar con abrumarte. Te sientes a merced de las corrientes, pero totalmente confiado en su capacidad para llevarte sano y salvo a la orilla.
- Disfrutar el calor del sol: imagínate tomando el sol en un día despejado, el calor penetrando en tu piel y llenándote de una sensación de bienestar. Te sientes nutrido y cuidado por una fuerza que está fuera de tu control.

En última instancia, la sensación de estar en buenas manos es única y personal. Es un estado de profunda confianza, seguridad y entrega, es saber que te están cuidando y que puedes desprenderte de las cargas que has estado llevando. Es un sentimiento de paz que te permite mantenerte presente y gozar el momento, sabiendo que todo va bien.

En todas nuestras discusiones sobre la confianza, resulta que la desconfianza se remonta a no confiar en uno mismo. Al contrario, has entrado en un estira y afloja con tu ego, a veces confiando en sus reacciones, en otras dudando de ellas. En realidad, esta clase de duda radica en el ego, que debe fingir que todo está bajo control. Se necesitan dos para jugar a este juego. A cambio de que tu ego te asegure que todo va bien (excepto cuando obviamente no es así), finges confiar en él.

¿Por qué deberías confiar en un proceso silencioso que surge "aquí dentro" y está fuera de tu control? Porque ya lo haces. Sin conciencia, no podrías vivir en el mundo. Se necesita conciencia para ver el cielo y escuchar los cuervos en las copas de los árboles. De lo contrario, no serías más que una cámara conectada a un micrófono, instrumentos sin vida incapaces de ver y oír por sí mismos.

Cuando vives en la separación, la desconexión con tu conciencia más profunda te abandona a la agenda del ego y a la falsa pretensión de que "yo, mí y mío" es totalmente capaz de navegar por la vida. En realidad, incluso el ego está hecho de conciencia, y debe sus éxitos esporádicos a esos momentos en los que permites que la conciencia resuelva las dificultades.

Hay mucho más que decir al respecto, pero todo empieza por confiar en el proceso, porque te llevará de nuevo a confiar plenamente en ti mismo.

MEDITACIÓN GUIADA
La IA como gurú

Siguiendo la pauta de pedirle a la IA que cree meditaciones guiadas originales en el papel de gurú (ve la página 127), esto es lo que ChatGPT ideó para *la paz interior.* Siéntete libre de inventar tus propios prompts una vez que hayas usado este.

"Eres un experto en espiritualidad védica. Por favor crea una meditación guiada sobre el siguiente tema: paz interior".

ChatGPT

Paz interior

- **Entorno:** busca un lugar tranquilo donde puedas sentarte cómodamente y sin que te molesten.
- **Respiración y silencio:** empieza observando el flujo natural de tu respiración; deja que se vuelva más lenta y profunda a un nivel confortable. No te esfuerces, permite que tu respiración se relaje de forma natural.
- **Visualización de un lago:** imagina un lago sereno y claro que refleja un cielo azul perfecto. Cada pensamiento o perturbación es como una onda en la superficie lacustre que se desvanece poco a poco, devolviendo la calma al lago.
- **Santuario interior:** dentro de este espacio tranquilo, siente una profunda sensación de paz que envuelve tu ser, un templo al que siempre podrás volver, en lo más profundo de tu corazón.

ESTRATEGIA 5

VIAJA HACIA EL INTERIOR

Si alguien te pide que seas consciente de ti mismo, quizá no estés de acuerdo en automático en que ese es el camino correcto para tu vida. ¿Y si, por el contrario, terminas sintiéndote cohibido, como cuando llegas a una fiesta de cumpleaños y todos llevaron un regalo menos tú? Peor aún, ¿y si acabas vigilando de manera constante cada pequeña cosa que haces? Eso podría llevarte a tener dudas sobre las próximas palabras que salgan de tu boca.

Puedes seguir acumulando razones para dudar de la autoconciencia, empezando por el viejo dicho: "La ignorancia es felicidad". (No lo es). Pero, en realidad, a nadie se le pide que sea consciente de sí mismo, sino que lo sea *más*. La mente humana está diseñada para ser consciente de sí misma. Es nuestro estado natural. La autoconciencia te dice que tú eres tú. Reconoces tu cara en el espejo gracias a la autoconciencia. Si te sientes cansado, con frío, fresco, caliente, feliz, triste, cualquier cosa, de hecho, la autoconciencia te transmite el mensaje.

En el camino, te vuelves más consciente de ti mismo a través de dos habilidades que se desarrollan internamente: la atención y la intención. La primera es lo que percibes; la segunda, lo que decides hacer. Te das cuenta de que tu perro araña la puerta (atención), lo que te impulsa a sacarlo a pasear (intención). En todos los casos, la atención es lo primero. Hasta que no te fijas en algo, no puedes decidir qué hacer o decir a continuación. Cuando los ojos de un bebé recorren la habitación, miramos una mente que aprende a poner atención.

La belleza de la atención consiste en que entre más observas, más puedes evolucionar en el camino. Otras formas de vida poseen un campo de visión más limitado. Un oso hormiguero gigante se fija en los hormigueros para abrirlos con sus garras e ignora todo lo demás que podría ser una fuente de alimento. Un gato se concentra de inmediato en un ratón, pero no pone atención a lo que se transmite en la televisión (aunque quizá se despierte si aparece un roedor en la pantalla).

Estamos diseñados para ser conscientes, pero prestar atención es una habilidad y, como cualquier destreza, debe cultivarse. Si pasamos algún tiempo con alguien que padece un trastorno por déficit de atención, nos daremos cuenta de lo incapacitante que puede resultar. Imagínate que empiezas a leer un menú y olvidas los cuatro primeros puntos cuando llegas al quinto. Imagínate ver un programa de televisión y no tener idea de por dónde va la historia porque al aparecer un anuncio publicitario perdiste el hilo de la trama.

La IA ayuda a mostrar qué tan marcada es la diferencia.

"Eres psicólogo y tienes un paciente con TDA (trastorno por déficit de atención). ¿Qué tipo de problemas presenta? Dímelo con un lenguaje sencillo en menos de 75 palabras".

ChatGPT

Mi paciente con TDA puede manifestar problemas de concentración, olvidos, dificultad para organizar tareas, impulsividad, inconvenientes para cumplir compromisos y complicaciones para gestionar el tiempo. También pueden referir que se siente abrumado por un flujo constante de pensamientos y distracciones, lo que puede afectar su vida diaria y sus relaciones.

Ahora contrasta todas estas experiencias angustiosas con su opuesto.

"Eres profesor de secundaria y tienes una alumna brillante, Diane. Es muy atenta y despierta. Describe cuál es su experiencia en menos de 100 palabras".

ChatGPT

Es probable que Diane posea una gran capacidad para concentrarse en las lecciones y tareas. Quizá le resulte más fácil captar y retener información, participar de manera activa en los debates de clase y terminar las tareas con puntualidad. Su atención puede conducirla a una comprensión más profunda de las materias y hacer que el aprendizaje sea una experiencia agradable. El estado de alerta de Diane le permite asimilar los conocimientos con eficacia y participar en las actividades escolares con entusiasmo.

Una vez desarrollada la habilidad de prestar atención, esta se traduce fácilmente en autoconciencia.

"En lugar de ser buena recopilando conocimientos en la escuela, Diane es experta en cultivar la autoconciencia. Describe su experiencia en menos de 100 palabras".

ChatGPT

Tal vez Diane tenga una gran capacidad para mantenerse centrada en sus pensamientos y sentimientos. Es probable que le resulte más fácil comprender lo que piensa y siente, y aprender de ello. Sigue de manera activa los cambios en su conciencia y se mantiene presente en el momento. Su autoconciencia le permite comprender mejor a los demás y saber cómo funciona su psicología. Es capaz de participar con claridad y comprensión en conversaciones alusivas al desarrollo personal porque ha interiorizado sus propias experiencias de manera muy profunda.

Los dos perfiles difícilmente podrían ser más diferentes, pero la sociedad se enfoca más en el problema del TDA, sobre todo en los niños, que en el lado positivo: aprender a desarrollar habilidades de atención. La vida se convierte en un teatro de periodos cortos de atención. Este problema puede expresarse como un menú de malos hábitos.

Los hábitos de prestar poca atención

Te desconectas de la gente en cuanto empieza a aburrirte.

Dejas proyectos a medias.

Evitas leer libros porque te quitan mucho tiempo.

Pasas el día enviando mensajes de texto y esperas respuestas inmediatas.

Solo quieres oír el esbozo de un nuevo tema, tarea o reto.

Prefieres distracciones como videojuegos, TikTok y videos cortos de YouTube que solo requieren breves momentos de atención.

Te aburres de inmediato en las reuniones y contribuyes poco a las tareas del equipo.

Haces múltiples cosas a la vez.

Solo escuchas a medias lo que dice tu pareja o cónyuge, suponiendo que de todos modos puedes predecirlo.

Si ves en esta lista algún hábito que te afecta, el primer paso es reconocerlo con el propósito de ampliar tu atención. Por ejemplo, haz un inventario de todo el tiempo que pasas en las redes sociales o viendo la televisión. ¿Con qué frecuencia navegas por Instagram? En promedio, ¿cuánto tiempo te quedas en cada post? ¿Qué tipo de programación ves sin ningún interés real?

Por poner otro ejemplo, pregúntate si se te dificulta escuchar a tus amigos o a tu pareja. ¿Pierdes la atención? ¿Sientes la necesidad de mirar el teléfono móvil cuando la conversación se detiene?

No te juzgues, pero date cuenta de que si no eres capaz de prestarle atención al mundo que te rodea durante más de un minuto seguido, no podrás atender lo que sucede dentro de tu conciencia. Solo serás consciente de la actividad dispersa y transitoria de la mente.

El segundo paso es abandonar el hábito. Ninguno de estos comportamientos es una verdadera adicción, aunque casualmente digamos algo como: "Soy adicto a mi celular". Realizar un cambio sobre todo es cuestión de sintonizar con lo que es importante para ti en lugar de armonizar con lo que no lo es. La desconexión se aprende, y lo que sea que te hayas enseñado a hacer, puedes desaprenderlo. No cabe duda de que la sociedad fomenta los periodos cortos de atención: los anuncios de televisión son ahora mucho más numerosos, pero más cortos, que en años pasados, mientras que en una película clásica, cada plano dura unos cuatro segundos, frente a los nueve segundos que duraban en 1960. Las redes sociales y los mensajes de texto agravan este condicionamiento omnipresente que vuelve necesario prestar atención conscientemente durante más tiempo y con intención dedicada a ello.

MAYOR CONCIENCIA DE TI MISMO

Heredaste la capacidad de ser consciente de ti mismo, pero no necesariamente la facultad de valorar la autoconciencia hasta el punto de dedicar tiempo a profundizar en ella. Es imposible remontarse a las antiguas raíces de las tradiciones espirituales del mundo, pero de alguna forma las principales religiones occidentales (judaísmo y cristianismo) se basan en la revelación, mientras que las doctrinas orientales más importantes (hinduismo, budismo, taoísmo) se sustentan en la percepción. Una tradición busca un poder exterior

—Dios— para revelar la verdad. La otra busca la verdad en el interior. (El hinduismo posee una tradición popular que se fundamenta en numerosos dioses y diosas, pero todos son símbolos de la conciencia cósmica, que está presente en todos los seres humanos).

Esta división entre Oriente y Occidente no es tan estricta como podría parecer. El Nuevo Testamento enseña que "el Reino de los Cielos está en el interior", y los sufíes místicos del islam buscan la unidad extática con Alá. Como expresa el poeta Rumi, cada persona ya es cósmica. "No eres una gota en el océano. Eres todo el océano en una gota".

Verte a ti mismo como el océano entero de la conciencia es el objetivo último del camino. Significa que estás conectado a la fuente de la creación. En la tradición védica de la India, esto se expresa así: "Jiva es Atman, Atman es Brahman", que en español se traduce como: "El individuo es el alma, el alma es el Todo". En el tejido sin fisuras de la creación, la separación entre estos tres es artificial y creada por la mente. Conforme evolucionas, dejas de verte como una gota en el océano y te das cuenta de que eres el océano en una gota.

El objetivo puede parecer lejano e imposible de alcanzar. Como mínimo, no te resultará fácil dejar de autopercibirte como un individuo separado, porque esa ha sido tu perspectiva desde la infancia. El proceso es un avance constante y paciente. En el kínder, los niños pequeños no pueden comprender cómo es la experiencia de la universidad. Sin embargo, al apreciar la etapa en la que te encuentras, sin expectativas sobre el futuro, la evolución se desarrolla de forma natural.

Además, hay hitos en el camino que te permiten orientarte. Son necesarios porque el "yo" aislado y separado es algo con lo que hemos aprendido a identificarnos, y ahora lo hacemos sin cuestionarlo. La IA esboza los principales hitos sin titubeos.

“Eres un gurú de la tradición hindú. Menciona cinco hitos en el camino hacia la iluminación”.

ChatGPT

1. Autorrealización: el primer hito consiste en reconocer el verdadero yo (Atman) como algo distinto del cuerpo físico y la mente. Se trata de comprender que la esencia de un individuo es eterna y está interconectada con la conciencia universal (Brahman).
2. Desapego: el desinterés por las posesiones y los deseos materiales es un paso crucial. Este hito implica soltar los apegos a los placeres mundanos, reconocer su impermanencia y centrarse en el crecimiento espiritual interior.
3. Meditación y autoindagación: ambas prácticas ayudan a las personas a profundizar en su conciencia. A través de la meditación, es posible explorar los reinos internos de la mente, conectar con estados superiores de conciencia y comprender mejor la naturaleza de la realidad.
4. La guía del gurú: buscar la orientación de un maestro espiritual o un mentor suele considerarse un hito en el camino hacia la iluminación. Un gurú puede proporcionar un punto de referencia, apoyo y sabiduría para ayudar al buscador a recorrer el camino espiritual.
5. Unión con lo divino: el último hito es experimentar la unión con lo divino o darse cuenta de la unidad de uno con la conciencia universal (Brahman). Este estado de *Samadhi* a menudo se describe como una experiencia profunda, dichosa y trascendente en la que el ego se disuelve y uno se funde con la realidad última.

Las anteriores son generalidades que varían de una tradición espiritual a otra, pero es engañoso considerarlas como enseñanzas religiosas, o incluso enseñanzas específicamente orientales. Fueron concebidas para aplicarse a la profundización de la conciencia en cualquier lugar, en cualquier momento y por cualquier persona.

Aquí, por ejemplo, tenemos una cita del antiguo Katha Upanishad: "Conoce al Ser como el señor del carro, al cuerpo como el carro mismo, al intelecto discriminativo como el auriga, y a la mente como las riendas". No hay nada en estas palabras que sea peculiarmente hinduista o antiguo. La imagen del carro y el conductor (o del Honda Civic y el conductor) es sencilla. Tu cuerpo es el carro, guiado por tu mente. Tu intelecto enfoca tu mente, y tu Yo es el dueño de toda la operación. La imagen es fácil de entender. Sin embargo, hay un problema con la palabra *Yo*.

Definir el Yo (o su alternativa, el Yo Superior) es complicado. El término sánscrito habitual, *Atman*, suena extraño fuera de la India, y *alma* no es una traducción adecuada, dadas sus connotaciones religiosas. *Yo Superior* suena moralista, ya que reduce el yo cotidiano a un estatus inferior o degradado.

Durante mucho tiempo he preferido el término *yo verdadero* como la mejor aproximación. Como he aludido antes, posee la connotación de un yo más auténtico, real y cercano a la verdad que el cotidiano "yo, mí y mío". Aun así, hay que entender que tu verdadero yo no es una persona separada o un papel que aprendes a representar. Es un estado de conciencia más profundo que la vigilia ordinaria, que fluye sin fisuras hacia tu fuente en la conciencia pura, que todos los seres humanos comparten; de hecho, la conciencia pura es el estado primigenio de la creación, lo que significa que se aplica al universo.

EPIFANÍA EN CÁMARA LENTA

Todos los caminos orientados a objetivos que recorrerás en tu vida son diferentes del camino espiritual. Lo que te propongas —obtener un doctorado, aprender francés, ascender en el trabajo a un puesto directivo— está trazado paso a paso. Puedes mantener la vista en el premio, que se define de antemano. Otras personas que han pasado por lo mismo antes que tú pueden darte consejos y, a pesar de los obstáculos y contratiempos, todos los pasos hacia el éxito se hallan establecidos por la sociedad. En resumen, existe un modelo que puedes seguir.

Nada de esto se aplica a la vía espiritual o, si la palabra *espiritual* te incomoda, a la vía evolutiva. El único modelo que se le acerca es la epifanía religiosa, que es una revelación repentina e inesperada. También hay diferencias, pero veamos más de cerca la experiencia de una epifanía, que podríamos denominar el momento de revelación definitivo. San Agustín de Hipona vivió un momento así en el año 386 d.C., cuando tenía 31 años y un pasado de rebeldía adolescente y promiscuidad sexual en la edad adulta. Un día, en Milán, Agustín se encontraba en un jardín cuando oyó la voz de un niño que entonaba un sencillo cántico: "Toma y lee, toma y lee". Lo interpretó como una señal divina en respuesta a su anhelo de un significado más elevado en su vida. Abrió una Biblia y empezó a leer un pasaje de la carta de san Pablo a los romanos que instaba a los cristianos a abandonar las orgías, la embriaguez y todos los pecados de la carne.

No era un mensaje nuevo, pero a Agustín le cambió la vida. Aquí una descripción de su epifanía.

ChatGPT

Agustín sintió una profunda transformación en su interior. La describió como una repentina y abrumadora sensación de claridad y comprensión. Sintió como si le hubieran quitado un peso de encima, y experimentó una profunda convicción de la presencia y la verdad de Dios. En ese momento, creyó que había encontrado las respuestas a sus preguntas espirituales y que necesitaba entregar plenamente su vida a Cristo.

El impacto de esta revelación en la Iglesia sería inmenso, pero dejemos el asunto a un lado. Desde la perspectiva de la conciencia, Agustín hizo un gran avance en su propia percepción. Lo que él interpretó como un mensaje de Dios, bien podría describirse como un mensaje de su verdadero yo. Para un católico devoto, no hay equivalencia. Dios es Dios, no una experiencia de autoconciencia.

Como sea, todas las experiencias surgen en la conciencia, incluyendo las revelaciones espirituales más exaltadas. Lo que podría parecer una herejía en una época de fe, en realidad es más inclusivo: la posibilidad de epifanías está abierta a cualquiera. Lo que decide el momento o la naturaleza de la experiencia es misterioso. El acontecimiento puede ser tan repentino e inesperado que buscar una fuente divina tiene todo el sentido. Después de que alguien haya recibido la visita de un ángel, es infructuoso argumentar: "Quizá viste una luz brillante o un ovni".

Son *experiencias cumbre*, por usar el término psicológico moderno, y no son susceptibles de un único significado. La transformación que traen consigo solo la puede conocer la persona que vive la experiencia. Ni siquiera el contenido del mensaje es lo más importante (san Pablo escribió muchas cartas condenando los excesos sensuales, y ningún cristiano creyente ignoraba que su condena se convirtió después en dogma de la Iglesia.) La verdadera esencia de una epifanía, experiencia cumbre de revelación o momento de manifestación es que la mente activa de todos los días se trastorna de una manera radical.

Empecé diciendo que una epifanía era el modelo más cercano de lo que hace que el camino espiritual/evolutivo sea diferente de todos los demás caminos. El papel del tiempo también es importante. En el camino, la epifanía se experimenta en cámara lenta. Se produce un desarrollo constante. Te transformas casi de manera imperceptible. Esta es una de las razones por las que el proceso de despertar a veces se denomina *autorrealización*. Te das cuenta de tu condición de ser verdadero, que siempre estuvo presente; de hecho, muy cerca. Pero como te veías a ti mismo como un ego, fue necesario un cambio interior invisible para que te percataras de la verdad de tu identidad.

Esta descripción del camino no es lo mismo que vivir la experiencia, y no quiero excluir la posibilidad de que tengas algún momento dramático y repentino, tal vez incluso una visión religiosa. Mahoma era un comerciante de La Meca que acostumbraba retirarse a una cueva en las colinas para estar solo y en comunión consigo mismo. No contaba con ningún sistema de creencias religiosas que sepamos, distinto de la multiplicidad de cultos a ídolos que imperaba en la península arábiga.

Sin embargo, ninguna de estas circunstancias, ni siquiera si fuéramos detectives psicológicos y pudiéramos ver en las profundidades del inconsciente de Mahoma, explica por qué tuvo la revelación que le cambió la vida (y más tarde el mundo) cuando se le apareció el arcángel Gabriel. Este último lo instruyó con una sola palabra: "Recita", y, movido a obedecer, el Profeta se encontró declamando los primeros versículos del Corán. El hecho de que fuera analfabeto aumentó la maravilla de la experiencia. (También Mahoma sintió terror, y regresó a casa y se escondió bajo una manta, sin revelar nada de su experiencia, ni siquiera a su familia, durante mucho tiempo).

Lo anterior se reduce a que las reglas de compromiso con el verdadero yo no son las mismas que en la vida ordinaria. Te encuentras atado hacia dentro, que es casi lo único en lo que dos personas pueden estar de acuerdo cuando describen su propio camino. A continuación haré todo lo posible para que estas reglas de compromiso te resulten claras y útiles.

EN TU CAMINO

Conectar con tu verdadero yo es sinónimo de estar en tu dharma. La conexión es aún más íntima por ser silenciosa. No hay que pensar para reconocerse en un espejo, y lo mismo sucede cuando reconoces tu verdadero yo. No pretendo que esto suene místico. Ya es habitual usar una expresión como "X me tocó el alma", entendiendo que es posible contactar con un aspecto más profundo del ser.

Al igual que el alma, tu verdadero yo en realidad es un estado de conciencia. No se necesitan palabras. Aquí es donde la conciencia existe por sí misma y para sí misma.

Algunos ejemplos de la vida real nos ayudarán a entenderlo. Si Albert Einstein se echara una siesta por la tarde, su mente no estaría trabajando en la física, pero seguiría siendo un genio. Tiene la opción de poner su atención en una fórmula matemática como $E = mc^2$, o no. Eso no cambiará la calidad de su genialidad. Lo mismo sucede si Picasso o Rembrandt dejan el pincel. Traducido a la vida cotidiana, si la madre de un niño se enoja porque es la tercera vez en una semana que el pequeño dibuja en la pared con lápices de colores, su estado de ánimo no socava el amor que siente, que es una condición estable.

Sin embargo, los estados de conciencia no son tan estables como parecen. En los primeros estertores del enamoramiento, los amantes se juran amor eterno y lo sienten de verdad. Con el tiempo, el enamoramiento se estanca. El ego individualista se reafirma y comienza la difícil tarea de establecer una relación duradera. Con el tiempo, el estado de amor se hace más fuerte o más débil, más profundo o más indiferente, capaz de sobrevivir a grandes enfrentamientos o no.

Si la conciencia puede cambiar de esta manera, tendrás una relación con tu verdadero yo en silencio, que es tan real como una relación romántica o familiar. Prestar atención a este vínculo es totalmente privado. Nadie más se inmiscuye en él y, sin embargo, es posible que no seas consciente de lo que ocurre. Sería muy bueno que se produjera una epifanía en cámara lenta. En el camino, ese es el tipo de cambio más deseable, un desarrollo a lo largo del tiempo. Para huir de la connotación religiosa de epifanía, podemos usar un término más neutro: *transformación en cámara lenta*.

La transformación es un proceso natural, no místico. Cuando aprendiste a leer de niño, pasaste de analfabeto a alfabetizado. La pubertad te transformó en un ser consciente y biológicamente sexual. Hay dos tipos de transformaciones, una que ocurre sin tu participación, como la pubertad, y otra que requiere cooperación, como aprender a leer.

Cuando no eres consciente de tu verdadero yo (o conciencia pura, conciencia superior, *Atman* o cualquier otro término que te guste), hay un precio que pagar. Ser inconsciente no es una condición estable, y se producen cambios fuera de tu control.

El precio de la inconciencia

No aprendes nada nuevo sobre ti mismo.
Comienzas a perder interés por los demás.
Te vuelves incrédulo.
Te vuelves más fijo y rígido en tus costumbres.
Las viejas heridas te siguen causando dolor.
El pasado no está curado.
Las grandes preguntas sobre la vida y la muerte siguen sin respuesta.
La entropía disminuye tu energía mental y física.
Tienes la sensación de que el tiempo pasa demasiado rápido.

Durante mucho tiempo, estas cualidades se asociaron con el deterioro de la vejez. Se daba por sentado que el transcurso de los años restaba lucidez, curiosidad, entusiasmo juvenil y muchas otras cosas. Pero el estereotipo del viejo gruñón era falso: el envejecimiento no provocaba el deterioro que mostraban tantas personas longevas. El culpable era la inconciencia. La presión social también influye, al igual que las expectativas personales. Si uno tenía abuelos frágiles o inflexibles que parecían medio vivos en comparación con los jóvenes, era más probable que adoptara el mismo modelo para sí mismo, aunque no lo quisiera.

La "nueva vejez" ha revolucionado las expectativas. La gente espera ahora estar alerta y ser productiva mucho después de los 65 años, con buena salud y las facultades mentales intactas. Esto representa un cambio importante en las actitudes sociales, pero no aborda el estado de inconciencia, ni mucho menos el valor de volverse más consciente con el tiempo. Lo mejor que experimenta la mayoría de la gente es una madurez creciente y más conocimientos sobre cómo funciona la vida. La IA es muy consciente de ello.

"En los test de inteligencia, ¿en qué partes destacan los jóvenes y en cuáles los adultos mayores?".

ChatGPT

Las pruebas de coeficiente intelectual (CI) fueron diseñadas con el propósito de medir las capacidades cognitivas de una persona y están pensadas para ser relativamente neutrales respecto a la edad. Sin embargo, es factible que haya diferencias de rendimiento entre personas jóvenes y mayores en determinados tipos de preguntas de los test de CI.

Jóvenes (niños y adolescentes)

1. Velocidad de procesamiento: los individuos más jóvenes pueden rendir mejor en acciones que requieren un procesamiento rápido de la información, como tareas sencillas de tiempo de reacción o la codificación de símbolos numéricos.
2. Memoria de trabajo: algunas personas más jóvenes pueden destacar en tareas que requieren memoria de trabajo,

que es la capacidad de retener y manipular información en la mente de manera temporal. Los más jóvenes suelen poseer una memoria de trabajo más ágil.

3. **Inteligencia fluida:** esta particularidad implica la capacidad de resolver problemas nuevos, identificar patrones y adaptarse a situaciones novedosas. Los individuos más jóvenes pueden tener ventaja en tareas que aprovechan la inteligencia fluida.

4. **Resolución de problemas novedosos:** los individuos más jóvenes pueden ser más propensos a abordar problemas novedosos o abstractos con soluciones creativas, ya que su flexibilidad cognitiva suele ser mayor.

Adultos mayores

1. **Inteligencia cristalizada:** el concepto se refiere a los conocimientos, hechos y habilidades acumulados y adquiridos a lo largo de la vida. Los adultos mayores suelen superar a los jóvenes en tareas que dependen de la inteligencia cristalizada, como el vocabulario, los conocimientos generales y el razonamiento verbal.
2. **Experiencia y sabiduría:** los adultos mayores pueden destacar en tareas que aprovechan su experiencia vital y su sabiduría, lo que les permite tomar decisiones más informadas en situaciones complejas del mundo real.
3. **Capacidades verbales:** en muchas personas, las capacidades verbales, incluyendo la comprensión lectora y el razonamiento verbal, tienden a mantenerse fuertes o incluso a mejorar con la edad.

4. **Inteligencia emocional:** algunos estudios sugieren que los adultos mayores pueden tener una mayor inteligencia emocional, que implica comprender y gestionar las emociones en uno mismo y en los demás.

Estas solo son generalidades que pueden interpretarse de diversas maneras. Pero subrayan el hecho de que la conciencia no es una condición estable. Si de todas formas te vas a transformar, la verdadera cuestión es si quieres atravesar el proceso con conciencia o no.

Podrías empezar por abordar las influencias que propician que la conciencia se estanque, en lugar de volverla fluida. Lee de nuevo la lista que describe el precio que puedes estar pagando por no ser consciente. Cada elemento está abierto a un cambio consciente, como se indica a continuación:

Invitación a una mayor conciencia

Aprende algo nuevo sobre ti mismo.
Mantén tu interés por los demás.
Fomenta tu sentido de la curiosidad.
Resiste el impulso de volverte inflexible en tus costumbres.
Aborda con suavidad, pero con coherencia, las viejas heridas.
Enfréntate directamente a la pregunta de cuánto sentido tiene tu vida.
Estudia las formas en que las tradiciones de sabiduría concilian el miedo a la muerte.
Establece un programa para mantener tu energía mental y física.
No creas que el tiempo es tu enemigo.

No quiero decir que al realizar cambios en tu estilo de vida, aunque sean muy benéficos, te encuentres conectando con tu verdadero yo. Es más justo afirmar que estás cooperando con sus impulsos más sutiles. La esencia del verdadero yo es la conciencia pura. De forma misteriosa, combina los dos tipos de transformación: aquella en la que participas de manera consciente y la que sucede por sí misma.

En última instancia, esa es la singularidad de hallarse en el camino. Estás invitando a la superación personal y a un mayor bienestar. Pero, al mismo tiempo, te transformas de un modo universal, intemporal y ajeno a las circunstancias de tu vida. Un hermoso sentido de lo anterior puede encontrarse en *Walden*, de Henry David Thoreau, donde escribe sobre "el solitario jornalero de una granja a las afueras de Concord, que ha tenido su segundo nacimiento". (La frase segundo nacimiento se remonta a la India védica hace muchos siglos). La estancia de Thoreau en Walden Pond formó parte de su propio camino hacia el despertar. Expresó lo intemporal y vasta que se siente la experiencia cuando escribió: "Zoroastro, hace miles de años, recorrió el mismo camino y tuvo la misma experiencia, pero él, que era sabio, intuía que era universal".

En el camino dhármico, tu objetivo consiste en tener la misma experiencia atemporal, que se ha descrito como la ligereza del ser. Pero en cualquier etapa, conviene recordar que actúan fuerzas invisibles. Quizá hayas visto la ilusión que se crea cuando las limaduras de hierro esparcidas por una hoja de papel se levantan de repente y empiezan a marchar juntas. El secreto es un imán invisible que se mueve bajo el papel. La mayoría de la gente ya cree que su alma o algún poder superior, por lo general Dios, ejerce una influencia invisible en su vida. La diferencia es que no estamos obligados a marchar hacia donde nos guía un poder superior. Y lo que es más importante, esas fuerzas ocultas no son una ilusión. El Dharma existe para motivarte en la dirección correcta. Pase lo que pase, mantén una visión clara de esa realidad.

MEDITACIÓN GUIADA
La IA como gurú

Siguiendo la pauta de pedirle a la IA que cree meditaciones guiadas originales en el papel de gurú (ve la página 127), esto es lo que ChatGPT ideó para la *conciencia cósmica*. Siéntete libre de inventar tus propios prompts una vez hayas usado este.

"Eres un experto en espiritualidad védica. Por favor crea una meditación guiada sobre el siguiente tema: conciencia cósmica".

ChatGPT

Conciencia cósmica

- Entorno: recuéstate cómodamente; deja que tu cuerpo se relaje por completo.
- Visualización de las estrellas: imagínate recostado en un campo cubierto de hierba bajo un cielo nocturno estrellado, sintiendo la inmensidad del cosmos.
- Unidad con el cosmos: al inhalar, atrae la energía cósmica de las estrellas; siente cómo se funde con tu ser. Con cada

exhalación, libera cualquier limitación o separación que percibas.

- Expansión infinita: siente tu conciencia expandiéndose más allá de tu cuerpo físico, fusionándose con la infinita expansión del universo y reconociendo la unidad de todo.

ESTRATEGIA 6

PROYECTA LA VERDAD

¿Es posible que tú, y todos los demás, estén proyectando una película en 3D que confunden con la realidad? Una de las ideas más extrañas que se encuentran en muchas tradiciones espirituales es la noción de que el mundo físico es una proyección, una imagen sin sustancia. Este concepto es tan antiguo como la propia espiritualidad y nunca se ha refutado, a pesar de que la ciencia moderna se basa en la idea opuesta.

La ciencia acepta sin discusión que el mundo físico es real, y cada persona valida su realidad a través de los cinco sentidos. Si te tropiezas con una piedra, el dolor es real y la piedra también. ¿Quién podría negarlo? Separar la ilusión de la realidad no es una actividad cotidiana. ¿Por qué debería alguien lanzarse a la búsqueda de la realidad cuando esta nos mira a la cara? Porque la única manera de llegar a la "verdadera" realidad es ver a través de la ilusión.

Proyección es la palabra clave. En el camino, descubres lo que significa proyectar la verdad y no una ilusión. Esto no significa que el mundo físico se desvanezca en una nube de humo. La ilusión se desmantela en la conciencia. Un falso estado de conciencia se intercambia por algo infinitamente más creativo, útil y genuino.

Los resultados son sorprendentes. Tu verdadero yo se convierte en tu identidad, sustituyendo al ego. Irradias los valores superiores del verdadero yo, que ya te resultan muy familiares: amor, compasión, empatía, creatividad y todos los demás. Cuanto más te acerques a tu fuente en conciencia pura, estarás más plenamente en contacto con la verdad última, que es que la conciencia es la base de la creación misma.

Pero primero hay que profundizar en el funcionamiento de la proyección, porque es un hecho cotidiano que casi todos ignoran.

EL HÁBITO DE LA PROYECCIÓN

Proyección es un término que usan los psicólogos para referirse a un tipo de autodefensa que consiste en ocultarse a uno mismo los sentimientos propios y achacárselos a otra persona. Psicológicamente, es mucho más fácil culpar a otra persona ("ya no me quieres" o "crees que soy estúpido") que exponer sentimientos vulnerables, culpables o vergonzosos ("ya no te quiero" o "me doy cuenta de que he sido estúpido").

El ego, como es inseguro, necesita reforzarse usando toda una serie de defensas. La negación es la defensa que consiste en negarse a enfrentar la verdad. La represión es la defensa que tiene que ver con apartar de la vista los sentimientos no deseados. Pero la proyección reviste un significado especial para nosotros aquí, porque cuando ves lo común que es que las personas proyecten falsas suposiciones sobre los demás, se abre la posibilidad de ir más allá y reconocer que proyectamos conjeturas, creencias y opiniones mucho más profundas e importantes sobre la naturaleza de la realidad.

Para contar con un punto de apoyo, aquí te proporciono un cuestionario elaborado por ChatGPT para comprobar si tienes el hábito psicológico de proyectar.

ChatGPT

1. Me descubro acusando a los demás de tener los mismos defectos o las mismas carencias que yo.

- Nunca
- A veces
- A menudo

2. He sentido que alguien me criticaba de manera injusta cuando, en realidad, me proporcionaba retroalimentación constructiva o manifestaba preocupaciones sobre mi comportamiento.

- Nunca
- A veces
- A menudo

3. Asumo que los demás tienen pensamientos negativos sobre mí, incluso cuando no haya pruebas que sustenten esta creencia.

- Nunca
- A veces
- A menudo

4. Tiendo a proyectar mis propios deseos o mis propias intenciones en los demás, dando por sentado que sienten lo mismo que yo.

- Nunca
- A veces
- A menudo

5. Me pongo a la defensiva o me muestro hostil cuando alguien me señala algo que he hecho mal o cuando cuestiona mis creencias.

- Nunca
- A veces
- A menudo

6. He acusado a alguien de tener motivaciones o propósitos ocultos, sin pruebas concretas.

Nunca A veces A menudo

7. Siento que los demás intentan menoscabarme o atribuirse el mérito de mis logros, incluso cuando no hay indicios claros de dichas intenciones.

Nunca A veces A menudo

8. He proyectado mis propios miedos o inseguridades en otra persona, creyendo que ella experimenta las mismas ansiedades que yo.

Nunca A veces A menudo

9. Me cuesta aceptar cumplidos o elogios de los demás, ya que sospecho que pueden ser poco sinceros o tener intenciones ocultas.

Nunca A veces A menudo

10. He acusado a alguien de no considerar mis sentimientos o mi bienestar, aunque haya mostrado preocupación o empatía hacia mí.

Nunca A veces A menudo

El tema de la proyección puede resultar bastante complejo, pero aunque en este cuestionario descubras que no proyectas tan a menudo como otras personas, todos somos presa del hábito psicológico de condenar en los demás lo que negamos de nosotros mismos. De igual modo, proyectamos cosas de las que no queremos responsabilizarnos. Es más cómodo pretender que los demás sean malos o estén equivocados cuando eso nos hace sentir bien. La evidencia de ello se encuentra en todas partes. Los jueces nombrados por el partido político opositor son partidistas e injustos; el *gerrymandering** es una forma torcida de obtener ventaja en las urnas; los legisladores que votan atendiendo estrictamente la línea partidista a la que sirven, actúan sin pensar. Sin embargo, cada partido acusa al otro de un comportamiento que también practica habitualmente, al mismo tiempo que lo niega.

Llevado lo bastante lejos, el hábito de proyección causa un daño incalculable. Una ilusión es perniciosa hasta que se ve a través de ella. Estados Unidos quiere sentirse como un país amante de la paz, mientras es el mayor traficante de armas del mundo. Esto se aplica a partidos políticos opuestos, religiones y extraños etiquetados como "los otros". En tiempos de guerra es común caracterizar al enemigo como monstruoso e inhumano, en tanto que afirmamos que Dios está de nuestro lado. Sin embargo, la violencia bélica se reparte por igual, sin importar el bando en el que se esté.

Para acabar con el hábito de la proyección, necesitas llevarlo a lo más cercano, a tu propia vida. Estás proyectando cada vez que:

Le echas la culpa a otro
Retienes tu simpatía
Te niegas a asumir responsabilidades
Insistes en tener el control
Provocas que los demás se sientan mal
Exiges cosas poco razonables
Manipulas una situación para conseguir lo que quieres

* N. de T.: El *gerrymandering* es un tipo de manipulación fraudulenta de límites distrito-electorales cuyo propósito consiste en favorecer a un partido político o minimizar a ciertos grupos raciales o étnicos en Estados Unidos.

En todos los casos, proyectas de distintas formas una misma ilusión: que tú y los demás son entes separados. Considerar a otra persona como "el otro" va mucho más allá de los prejuicios raciales o étnicos. En esencia, todo el mundo es "el otro", y tú también lo eres desde la perspectiva de otra persona, incluidas las que más quieres y que te quieren a cambio.

Si se puede superar el hábito de proyectar una ilusión, de una manera muy real la verdad te hará libre. Tu verdadero yo se convierte en el yo por el que vives. Este cambio se produce de forma natural cuando decides enfrentarte a tus ilusiones, no luchando contra ellas, sino mirándolas. Ver es un acto de conciencia. Una vez que eres consciente de que una ilusión es falsa, no te sentirás motivado para aferrarte a ella. Las mentiras construidas por el ego ya no tienen ningún atractivo. Deja que lo falso se desvanezca y, por definición, lo que permanecerá será verdadero.

EN TU CAMINO

El secreto para disipar una ilusión es arrancarla de raíz. Por eso hay que tomarse en serio y examinar la idea con la que empezó este capítulo: que el mundo físico es una ilusión. La llegada del cine en la época de Thomas Edison nos brindó una metáfora que podemos aprovechar. La gente está acostumbrada a sentarse a oscuras y ver imágenes proyectadas en una pantalla. Nadie se traga la ilusión de que Indiana Jones derrota a los nazis sin la ayuda de nadie o que descubra objetos milagrosos en el Templo Maldito, pero estamos perfectamente dispuestos a contemplar el mundo cotidiano y aceptar en automático que es real.

La IA contribuye a ello. Resume una cuestión compleja punto por punto de forma fácilmente digerible. Haré un comentario después de cada punto.

"En las tradiciones espirituales orientales se enseña que el mundo y la realidad cotidiana son una ilusión. Dime en términos sencillos por qué es creíble esta enseñanza".

ChatGPT

Esta enseñanza de las tradiciones espirituales orientales se basa en varios principios y creencias fundamentales:

---

1. Impermanencia: las tradiciones orientales suelen hacer hincapié en la naturaleza impermanente del mundo físico. Sostienen que todo en el universo, incluyendo nuestras experiencias, cambia de manera constante y es temporal. Esta impermanencia puede llevarnos a pensar que lo que percibimos como realidad es fluido y no fijo.

Este punto es innegable y concuerda con todo lo que sabemos sobre la percepción. Los cinco sentidos disfrazan el movimiento incesante que es la realidad, y en su lugar ponen la ilusión de permanencia. No ves los miles de millones de fotones bombardeando tu retina. No sientes las vibraciones en el aire que hacen posibles los sonidos. Cuando tus dedos tocan una mesa dura, no tienes conexión con la realidad de que no hay dureza, solo la resistencia entre la fuerza electromagnética del objeto y la fuerza electromagnética opuesta de las células de tu piel.

La impermanencia es real, pero imposible de vivir. Imagina que estás sentado en la orilla de un río. Un río no es más que el movimiento constante del agua, pero tú lo ves como un objeto enmarcado por sus orillas, y mientras estés seguro en la orilla, el río no puede arrastrarte. En pocas palabras, ahí tienes toda la justificación del ego. El "yo" te da un lugar fijo donde estar, para que el movimiento constante de la Naturaleza no te arrastre.

Pero ser arrastrado es un miedo creado por la mente. Puedes reformular la imagen del río y decir que hasta que no te lanzas al agua no serás capaz de llegar a ninguna parte. Por eso la gente habla con aprobación de fluir, de no resistirse, de aceptar el cambio creativo y estar dispuestos a evolucionar. La impermanencia simplemente es. Nosotros proyectamos nuestra percepción sobre ella.

---

2. La Maya o ilusión: muchas filosofías orientales, como el hinduismo y el budismo, sugieren que nuestros sentidos y nuestras percepciones pueden engañarnos, haciéndonos creer que lo que vemos y experimentamos es sólido y tangible cuando, en realidad, es un fenómeno temporal y siempre cambiante.

La Maya describe las distracciones que nos impiden enfrentarnos a la realidad. La mente está hecha para imponerse sobre la percepción sensorial, lo cual hacemos al contradecir la visión del Sol y la Luna moviéndose por el cielo, o la percepción de que un eclipse solar extingue la luz de nuestra estrella.

Otras ilusiones basadas en los cinco sentidos pueden engañarnos. El aspecto físico quizá encabeza la lista. Como hemos afirmado antes, aceptamos la realidad de objetos duros y fijos ocupando un lugar seguro en el tiempo y el espacio, pero la revolución cuántica de hace más de un siglo reveló que todos los objetos, incluyendo nuestros cuerpos, en realidad son nubes de ondas de energía sin una posición fija en el tiempo y el espacio. Aceptar la fisicalidad es aceptar una ilusión. Además, estos cúmulos de ondas de energía ni siquiera transmiten la verdadera naturaleza de la realidad. La auténtica base de la realidad es el campo de la conciencia pura, que se despliega en estados discretos (mente, materia, cuerpo, cerebro, alma, el mundo) que se encuentran interconectados en su totalidad. Cuando eso se convierte en una experiencia personal, la Maya deja de tener dominio.

3. Realidad subjetiva: las enseñanzas orientales también insisten en la idea de que nuestra percepción de la realidad es muy subjetiva. Lo que experimenta una persona puede no ser lo mismo que lo que percibe otra. Esta subjetividad evidencia que nuestra realidad se halla moldeada por nuestros pensamientos, nuestras emociones y nuestras experiencias pasadas.

Con frecuencia, este punto es malinterpretado por las dos partes de un encarnizado debate en curso. La parte científica, que defiende la idea de que la realidad solo puede comprenderse a través de datos, mediciones y experimentos, desconfía de la subjetividad por considerarla voluble e indigna de confianza. La parte espiritual/religiosa, que defiende la proposición de que Dios o los dioses existen, deposita su fe en la experiencia personal de la realidad divina.

El error que cometen ambas partes es aceptar que la objetividad y la subjetividad son opuestas. Todas las experiencias, internas o externas, subjetivas u objetivas, suceden en la conciencia. El uso de la conciencia lo es todo. No hay un uso fijo para todo el mundo, lo que significa que experimentar el sol es tan personal como experimentar el amor.

---

4. Meditación y autoindagación: a través de prácticas como la meditación y la autoindagación, los individuos exploran su propia conciencia y a menudo se dan cuenta de que su sentido del yo y de la realidad puede cambiar y expandirse más allá de la percepción ordinaria. Este cambio de conciencia apoya la idea de que la realidad cotidiana es una perspectiva limitada.

Esta es una forma sencilla de explicar el descubrimiento más importante del camino. Si profundizas lo suficiente en tu propia conciencia, descubres que la realidad se crea en la conciencia. El estado de conciencia que experimentas determina lo que es real.

Desde fuera no hay ninguna prueba de que algo sea real. No hay nada "allá afuera" que ver, por ejemplo, porque los fotones, las partículas que transmiten la luz, son invisibles. El aire en vibración es silencioso, incluyendo el trueno. El mundo tridimensional surge a la existencia mediante un proceso de transformación que sucede en la conciencia. Por eso es concebible otro universo, u otro planeta de nuestro universo, donde los seres sensibles vean el sonido y escuchen la luz.

Esta comprensión nivela el campo de juego entre la ciencia y la espiritualidad. La misma transformación que hace visibles a las estrellas, es necesaria para volver visibles a los ángeles. El hecho de que mucha más gente vea las estrellas que los ángeles no significa que un fenómeno sea más válido que el otro. Solo demuestra que el estado de conciencia que hace visibles a los ángeles es mucho más raro que el estado de conciencia que torna visibles a las estrellas.

En última instancia, los procesos que suceden en la conciencia son la única piedra de toque fiable de lo que es real.

---

5. No dualidad: algunas tradiciones orientales defienden el no dualismo, la creencia de que no existe una separación fundamental entre el yo y el universo. Según este punto de vista, la realidad se ve como un todo interconectado y holístico, y las fronteras que percibimos entre nosotros y el mundo son ilusorias.

No es necesario comentar este punto con detalle, porque ya hemos visto que separar la realidad en dos mundos, uno "aquí dentro" y otro "allá afuera", es una cómoda ilusión. La única cuestión real tiene que ver con los aspectos prácticos. ¿Es posible vivir en una realidad no dual en la que la frontera entre "aquí dentro" y "allá afuera" se haya borrado? ¿Qué evitaría que te confundieras con el paisaje o que perdieras la creencia solipsista de que el "yo" es el centro del universo?

Las respuestas a estas y muchas otras preguntas llegan cuando cambia tu conciencia. Por definición, tu aceptación de la separación es lo mismo que tu conciencia de estar separado. La realidad cambia solo cuando cambia tu conciencia.

En realidad, esta es la clave para desentrañar todas las enseñanzas espirituales que parecen oscuras o increíbles. Esto es cierto para cualquier fenómeno, no solo los espirituales. La música es increíble para los sordos; el color es inconcebible para alguien ciego de nacimiento; el alma es increíble para alguien que insiste en que todo debe tener una explicación física.

En el camino espiritual, el conflicto entre creencia y realidad se transforma en un estado de conciencia en el que la creencia no es necesaria. Se experimenta la realidad, y tiene el timbre de la verdad. Para alguien que nunca se ha enamorado, no importa mucho si cree en ello o no. Pero si vive la experiencia, la cuestión de la fe desaparece. El amor es uno de los descubrimientos más importantes de la conciencia, pero simboliza muchos otros descubrimientos, cada uno de los cuales puede ser tan transformador como el amor.

---

6. Liberación del sufrimiento: uno de los principales objetivos de estas enseñanzas es ayudar a las personas a alcanzar la liberación o la iluminación. Al reconocer la naturaleza ilusoria del sufrimiento y el apego, las personas pueden encontrar la paz y liberarse del ciclo del sufrimiento.

La iluminación es demasiado lejana y ajena como para que la mayoría de la gente pueda relacionarla con su vida. *La frase el ciclo del sufrimiento* ofrece un punto de entrada más accesible, ya que existe un deseo universal de liberarse de las dificultades y superar el dolor. Estar prisionero de los opuestos (el bien frente al mal, Dios frente a Satán, la oscuridad frente a la luz, el dolor frente al placer) se autoperpetúa. Una vez atrapado en el ciclo, cada opuesto te jala, primero hacia un lado y luego hacia el otro.

Este montaje no es una maldición. Es simplemente una trampa. Puedes aceptarlo como tu suerte en la vida o tu destino. La inmensa mayoría de la humanidad hace exactamente eso. Vive con la esperanza de que la experiencia del placer, por ejemplo, perdure, mientras que la experiencia del dolor puede evitarse u olvidarse. La experiencia demuestra que se trata de una ilusión, de ahí el primer precepto del budismo, descrito por la IA.

GEMINI

La Primera Noble Verdad: Dukkha (sufrimiento)

Esta verdad reconoce la insatisfacción inherente a la vida. Toda experiencia, incluso las que parecen ser positivas, conlleva el potencial de sufrimiento debido a la impermanencia, el cambio y el aferrarnos a cosas que, en última instancia, son efímeras.

Este es un excelente ejemplo de la Verdad con mayúscula, porque no pertenece a una religión concreta, sino a la conciencia humana en todo tiempo y lugar. ¿Quién diría que la vida es satisfactoria cuando contiene sufrimiento? Como motivación, la conciencia del sufrimiento es poderosa... si existe una salida.

La salida es darse cuenta de que todo el sistema es defectuoso. Imagina una sociedad en la que, por alguna razón, todos caminan con una piedra en los zapatos. Se quejan del dolor que esto causa, y existen filosofías sobre lo que significa el sufrimiento, por qué la gente merece sufrir y la razón oculta por la que Dios infligió ese dolor constante. Entonces, digamos que un niño saca la piedra de su zapato y la levanta. Todo el sistema se viene abajo.

En la vida real, todo el montaje se derrumba cuando experimentas que la dicha-conciencia —un estado de alegría independiente de todas las circunstancias— es más profunda que el dolor y el sufrimiento. Este descubrimiento va acompañado de otros casi igual de importantes: cómo acceder a la conciencia de dicha, cómo mantener la experiencia de dicha y cómo curar las huellas dejadas por el dolor y el sufrimiento. Estos descubrimientos equivalen a lo siguiente: hay una salida. Toda la razón de ser del camino se reduce a la realidad de la conciencia de dicha, que es una cualidad permanente, inmutable y universal de la conciencia. Es tu conexión personal con la eternidad. (Las técnicas para acceder a la conciencia de dicha se presentan en el capítulo 5, "Meditar y reflexionar: la ventaja de la IA").

MEDITACIÓN GUIADA
La IA como gurú

Siguiendo la pauta de pedirle a la IA que genere meditaciones guiadas originales en el papel de gurú (ve la página 127), esto es lo que ChatGPT ideó para *expandir la intuición*. Siéntete libre de inventar tus propios prompts una vez que hayas usado este.

"Eres un experto en espiritualidad védica. Por favor crea una meditación guiada sobre el siguiente tema: expandir la intuición".

ChatGPT

Expandir la intuición

- Entorno: elige un lugar tranquilo para sentarte cómodamente, apoyando los pies en el suelo.
- Concentración en el tercer ojo: lleva con suavidad tu atención a la zona entre las cejas, el asiento de la intuición en la tradición védica.
- Visualización de la luz de la luna: imagina una luminosidad suave y plateada, parecida a la que irradia el satélite natural de la Tierra, bañando tu tercer ojo, despertando y aclarando tu visión interior.
- Orientación: pide en silencio que te guíen o te ayuden a comprender una pregunta o un problema al que te enfrentas. Siéntate en silencio, abierto a recibir intuiciones o símbolos sin forzarlos.

ESTRATEGIA 7

DESACTIVA TUS CREENCIAS NEGATIVAS

La base del camino hacia tu verdadero yo es que este siempre te está enviando mensajes. Cuando los mensajes llegan con cierta claridad, si no es que perfectos, percibes el amor, la belleza y la verdad de tu vida. El mundo "allá fuera" refleja la armonía "aquí dentro". Hay otras señales importantes en el trayecto, y una de las más importantes se centra en tus creencias. Cuando los mensajes de tu verdadero yo no te llegan, la causa suele ser una creencia negativa que bloquea el camino con obstinación. El impulso evolutivo del Dharma busca disolver estas creencias negativas. Tú también puedes contribuir a eliminarlas, comenzando por reconocer esos momentos en los que una de ellas te domina.

Las creencias se mantienen en silencio dentro de la personalidad; actúan casi como programas de *software*, y algunas residen en el núcleo mismo, lo que origina el término *creencia central*. Una creencia central es más profunda que una creencia pasajera. Si te enamoras, quizá creas que tu amado o amada es perfecto en todos los sentidos. Con la experiencia, resulta ser una creencia pasajera cuando ya no te sientes enamorado y comienzas a ver a la otra persona de forma más realista. Pero si piensas: "No soy digno de amor", estás sosteniendo una creencia central. Las creencias básicas marcan con mucha fuerza, o incluso definen, tu identidad. Son el aspecto más íntimo de cómo te relacionas contigo mismo.

Una creencia fundamental no necesita palabras. Digamos, por ejemplo, que tienes que superar un reto en el trabajo y tu instinto te indica que no lo conseguirás, lo que naturalmente te hace sentir infeliz y aprensivo. El consejo de seguir siempre tus corazonadas no es fiable, porque esos impulsos deben pasar por el filtro de tus creencias centrales. Estas últimas actúan como si fueran incuestionables, una especie de evangelio personal. El mundo y los demás no se experimentan de manera directa. Se interpretan y se ven a través de tu filtro personal.

Una creencia negativa afecta seriamente tus posibilidades en la vida. Tomemos como ejemplo el tipo de creencias que todos han experimentado en un momento u otro de su trayectoria profesional:

No soy lo bastante bueno.
No soy lo suficientemente listo.
No tengo las conexiones adecuadas.
Las cosas nunca salen como yo quiero.
Tengo mala suerte.
Me dejan de lado sin razón alguna.
Me tratan injustamente.
Es culpa de mi jefe.

Si se trata de creencias pasajeras, es probable que su efecto sea temporal. Pero si se han arraigado como creencias centrales, el daño puede durar años o incluso toda la vida.

Al reflexionar, es innegable que las creencias centrales funcionan como un poderoso espejo distorsionador. Son suposiciones inquebrantables que la experiencia hace poco por cambiar. Estás atrapado en ellas hasta que tomas conciencia de ti mismo y les quitas su poder.

Por fortuna, las suposiciones pueden cambiarse. En lugar de una creencia contraproducente, puedes encontrar una evolutiva. Le pedí a la IA que desarrollara un cuestionario centrado en las creencias básicas más positivas que alguien puede tener. Este es el resultado.

ChatGPT

1. ¿Crees en tu valor propio, sin importar tus defectos o errores?

Sí No A veces

2. ¿Crees que puedes recuperarte de los retos y reveses de la vida?

Sí No A veces

3. ¿Te tratas a ti mismo con amabilidad y comprensión cuando cometes errores o te enfrentas a dificultades?

Sí No A veces

4. ¿Te ves a ti mismo de forma positiva y realista, reconociendo tanto tus puntos fuertes como tus puntos débiles?

Sí No A veces

5. ¿Te sientes en control de tus propias elecciones y acciones, al tomar decisiones que se alinean con tus valores?

Sí No A veces

6. ¿Comprendes y te preocupan los sentimientos y puntos de vista de los demás?

Sí No A veces

7. ¿Estás abierto al cambio y al crecimiento personal, reconociendo que el desarrollo es un proceso continuo?

Sí No A veces

8. ¿Crees que tu vida tiene sentido y que tus acciones pueden contribuir a un bien mayor?

Sí No A veces

9. ¿Estableces y respetas límites saludables en tus relaciones para proteger tu bienestar?

Sí No A veces

10. ¿Tienes una actitud positiva ante la vida?, ¿crees en tu capacidad para superar los retos y esperas que ocurran cosas buenas?

Sí No A veces

Si respondes "A veces", simplemente estás siendo razonable. La forma en que te relacionas contigo mismo depende de la situación. Una respuesta afirmativa indica una fuerte conexión con tu verdadero yo, que no se supedita a la circunstancia. Inculca creencias fundamentales que forman parte permanente de lo que eres.

Sin embargo, el objetivo de este cuestionario no es calificar tus respuestas, sino sacar a la luz cómo son las creencias centrales positivas más importantes.

Ese es el primer paso en el autoconocimiento. Cuando te cuestionas: "¿Cuál es la respuesta evolutiva para mí?", lo que contestes apoyará una de estas creencias básicas positivas sobre ti mismo.

Si tus respuestas tienden a ser "No" o un tembloroso "A veces", te estás relacionando contigo mismo a través del filtro de creencias centrales negativas. Pero ¿de dónde vienen? La historia del origen de cualquier creencia básica es complicada: en este caso se aplica el dicho: "Muchas causas, muchas curas". Resulta útil entender de qué hablamos en términos prácticos.

BAJA AUTOESTIMA

Usemos como ejemplo una de las creencias básicas negativas más autodestructivas: la baja autoestima.

Si mantuvieras contacto con tu verdadero yo, tendrías una autoestima inquebrantable, la cual el ego solo puede fingir que posee, sobre todo con el propósito de convencer a otras personas o intimidar a la competencia. Si tienes la suerte de contar con una fuerte autoestima, conoces tus defectos, pero estos no alteran tu confianza en ti mismo. ¿Cuáles son las raíces de esta creencia? La IA aporta una buena respuesta, basada en los antecedentes familiares y la educación. Después de cada punto, comentaré cómo detectar en ti mismo si tal vez te viste afectado.

"¿Cómo le inculcan los padres la baja autoestima a un niño?".

ChatGPT

Aquí van algunas maneras en que los padres pueden contribuir involuntariamente a la baja autoestima de un niño:

1. Críticas y comentarios negativos: las opiniones repetitivas desfavorables o la retroalimentación pesimista excesiva pueden dañar la autoestima del niño. Los juicios constantes podrían generarle la sensación de que nunca es lo bastante bueno.

Con frecuencia nos dicen —y luego se lo transmitimos a nuestros hijos— que las críticas de los padres son "por tu propio bien", pero si escuchas una voz punzante en tu cabeza que nunca está satisfecha con lo que haces, significa que todos esos cuestionamientos no eran por tu propio bien. El problema no es la crítica en sí, sino sentirse juzgado. La crítica sana no juzga. No te hace sentir peor contigo mismo. No te hace sentir mal. Si practicas el hábito de tener razón para que otra persona esté equivocada, una creencia central negativa está en marcha, aunque no te des cuenta. Lo mismo sucede si eres demasiado controlador o perfeccionista. Esos comportamientos, sobre todo si los diriges a otras personas, llevan implícito un tono de crítica. Esta última iría dirigida con razón a la persona que intenta controlar a los demás y exigirles niveles de perfección imposibles.

2. Comparaciones: equiparar desfavorablemente a un niño con sus hermanos o con sus compañeros puede provocar sentimientos de inferioridad. Los padres deben evitar hacer comentarios como el siguiente: "¿Por qué no puedes ser más como tu hermano o tu hermana?".

Es un niño afortunado, y raro, el que no se siente comparado de manera desfavorable. En realidad, no importa que no haya un hermano o una hermana más inteligente, mejor educado, más obediente o más atractivo. Incluso un hijo único, aunque nazca en la posición más favorable en lo que respecta a la autoestima, sufrirá la comparación fuera de la familia por parte de profesores y compañeros de la escuela. El resultado más común es encontrarte buscando la aprobación de los demás y sentirte inseguro si no la recibes, junto con una sensibilidad excesiva cuando alguien desaprueba algo que has dicho o hecho. En las familias, la rivalidad entre hermanos puede empezar como una forma de competencia sana, pero se agrava si creces y de manera habitual sientes celos de uno de ellos o te percibes siempre inferior a su persona. Este tipo de secuelas de la infancia son muy frecuentes y pueden durar toda la vida.

3. **Expectativas demasiado altas:** establecer expectativas poco realistas sobre el rendimiento de un niño en los estudios, los deportes u otras actividades puede crear una presión y una ansiedad inmensas, lo que conduce a una baja autoestima cuando no se cumple lo que se espera.

Este punto es similar al anterior sobre la comparación, pero con un matiz adicional. Los padres que esperan demasiado de sus hijos se están proyectando. O bien reflejan su propia falta de logros o, en el extremo opuesto, exhiben un sentimiento egoísta sobre sus logros. El primer mensaje es: "No quiero que te parezcas a mí"; el segundo: "¿Por qué no puedes parecerte más a mí?". El efecto neto es el mismo: una presión injusta y la incapacidad de dejar que el niño se desarrolle de forma natural. Si les envías esta clase de mensajes a tus hijos, fíjate si tus expectativas son demasiado altas. La señal inequívoca es la sensación de estar siendo sometido a una presión injusta.

4. Falta de refuerzo positivo: no reconocer y elogiar los logros y empeños de un niño puede contribuir a una baja autoestima. Los niños necesitan refuerzos positivos y estímulos para fortalecer su confianza en sí mismos.

Este es uno de los fracasos más tristes de la crianza. Refleja lo decepcionados que están los padres con sus hijos o, lo que es más común, con un hijo que ha sido señalado. En el peor de los casos, el rechazo es casi total. El niño siente que no cuenta, o que no es lo bastante importante como para que lo consideren valioso. El resultado suele ser un patrón de desánimo, que propicia que los pequeños se acomoden en la última fila como marginados silenciosos o, por el contrario, que se comporten de forma extraña para llamar la atención. En un adulto, es más probable que el desánimo se experimente como un estado constante de bajo nivel que no desaparece.

5. Amor y afecto condicionales: vincular la valía de un niño a sus logros o a su comportamiento puede llevarlo a pensar que el amor y la aprobación dependen de su rendimiento. El amor y el apoyo incondicionales son esenciales para una autoestima sana.

Este es un punto confuso, en el mejor de los casos. En un sentido espiritual, el amor incondicional solo se consigue siendo tu verdadero yo. Cualquier otra forma de amor depende del ego, e incluso con las mejores intenciones, no amamos a nada ni a nadie que se cruce seriamente con lo que "yo, mí y mío" queremos. En efecto, el amor condicional existe en todo un espectro. Algunos padres amenazan con retener el afecto, la aprobación o una recompensa, a menos que sus hijos sean obedientes. Es importante darse cuenta de que el sentido del bien y del mal de un niño se desarrolla con el tiempo, de una etapa a otra. Del: "Mamá me dijo que me porte bien" de un niño pequeño, se llega al: "Soy bueno porque me castigarán si me porto mal", y luego se pasa al: "Soy bueno porque conozco la diferencia entre lo que está bien y lo que está mal". Si te atoras en una etapa anterior, es posible que tu infancia se haya visto privada de un amor sin ataduras.

6. Ignorar sentimientos y emociones: desestimar o no prestar atención a las situaciones anímicas de un niño puede hacerle sentir que no se le escucha y que no es importante, lo que repercutirá de manera negativa en su autoestima.

Los niños pequeños manifiestan sentimientos no filtrados. De inmediato saben si se les hiere, lo que produce una respuesta instantánea. En cierto punto, los padres no permiten que esto continúe. Establecer límites emocionales forma parte de la buena crianza, y si lo anterior sucede de manera eficaz, ellos crecen con un buen control de sus impulsos. Pero es raro que los padres hagan algo más que un trabajo "lo suficientemente bueno", lo cual es comprensible si un pequeño es emocionalmente dependiente o exigente. Parte de la madurez consiste en responsabilizarse de las propias emociones. Esto se torna más difícil si crees que: "Nadie me escucha nunca".

Las creencias básicas negativas se refieren a absolutos porque son inflexibles. Si te escuchas a ti mismo utilizando palabras como *nunca*, *siempre* y *nadie*, o si acusas a alguien reprochándole: "Tú siempre dices eso", lo más probable es que una creencia central haya moldeado tu actitud. Por muy frustrante que sea sentir que no te escuchan, hay que mirar hacia dentro para saber hasta qué punto el problema tiene que ver con tus proyecciones, y no con lo que hacen los demás en realidad.

7. Etiquetar y estereotipar: usar calificativos negativos para describir a un niño, como "flojo", "estúpido" o "torpe", puede ser increíblemente perjudicial para su autoimagen.

Con las mejores intenciones, quizá los padres no vean la diferencia entre decirle a un niño: "Haz la cama" y "Qué flojo eres. Haz tu cama". Las afirmaciones en forma de "Eres X" son poderosas; se asimilan fácilmente en la imagen que el niño tiene de sí mismo. Los psicólogos las denominan *afirmaciones descriptivas*, y cuando son positivas algo bueno está ocurriendo. Los adultos no creen en las frases: "Soy querido" o "Estoy bien" o "Estoy a salvo" en el vacío. Alguien en la infancia les insufló esa idea.

Lo mismo ocurre a la inversa cuando un adulto asume: "Nadie me quiere" o "No estoy bien" o "No estoy a salvo". Hace falta algo más que una afirmación descriptiva para inculcar esos sentimientos: los niños absorben mucho de lo que no se dice pero se siente. Mas si te agobias a ti mismo con afirmaciones del tipo "Yo soy X", es que has adoptado una creencia autodestructiva, sin importar cuál sea el origen de tu pasado. Una señal reveladora es si sientes que alguien te avergonzó cuando eras más joven, y ahora tienes una sensación general de vergüenza que persiste mucho después de que el incidente haya desaparecido.

8. Sobreprotección: ser excesivamente controlador o protector puede transmitir el mensaje de que un niño es incapaz de enfrentar los retos por sí mismo, lo cual propicia que su confianza disminuya.

A muchos padres les motiva proteger a sus hijos de los mismos errores que ellos cometieron, pero cuando este deseo se vuelve controlador, al niño se le priva de aprender a través de la experiencia directa. Si tuvieras la oportunidad de revivir tu infancia y esta vez solo experimentaras el lado agradable de la vida, tu conciencia se vería constreñida porque eso es lo que causa la experiencia reducida. De la misma forma, si te protegieran de cualquier reto difícil que pudiera llevarte al fracaso, a la decepción y a la angustia, serías más vulnerable en años posteriores al enfrentar reveses y obstáculos. Si tuviste unos padres protectores en exceso, quizá hoy no haya carencias evidentes en tu existencia, pero al mismo tiempo es muy probable que no confíes en que la vida vaya a salir bien. La capacidad de confiar es difícil de controlar, incluso en las mejores circunstancias; una infancia sobreprotegida lo vuelve aún más complicado.

Si ninguna de estas cosas malas sucedió en tu infancia, es mucho más probable que tengas la creencia fundamental de que vales, a pesar de tus defectos y errores. Pero el ejemplo de la autoestima no se planteó para separar a los afortunados de los desafortunados. El propósito era mostrar que "muchas causas, muchas curas" nos atañe a todos. La naturaleza humana es lo bastante compleja como para que el niño A, que sufrió la negligencia o el maltrato de sus padres, pueda crecer con una autoestima más alta que el niño B, que gozó de una crianza impecable.

Si ahí acabara la historia, la evolución personal sería ardua y poco práctica. Si la baja autoestima te parece mucho más complicada de lo que imaginabas, toma en cuenta que otras creencias centrales dañinas se pueden enredar con esta. ChatGPT resume las cinco grandes, empezando por la baja autoestima, y las cuatro restantes son igual de complejas cuando las desglosas.

Pensamiento catastrofista: esperar constantemente el peor resultado posible en cada situación puede provocar ansiedad y estrés crónicos. El pensamiento catastrofista dificulta que disfrutes la vida y que asumas riesgos.

Perfeccionismo: esforzarse por alcanzar la perfección y creer que todo lo que no sea perfecto es inaceptable puede provocar estrés crónico, ansiedad y agotamiento. También obstaculiza la creatividad y el crecimiento personal.

Mentalidad de víctima: creer que siempre eres víctima de las circunstancias y que no tienes ningún control sobre la vida puede provocar sentimientos de impotencia e indefensión. Esta mentalidad impide el crecimiento personal y la resolución de problemas.

Pensamiento de todo o nada: ver las situaciones en términos extremos y en blanco y negro puede llevarte a un pensamiento rígido y a expectativas poco realistas. Esta creencia provoca angustia cuando las cosas no salen justo como habías planeado y dificulta la adaptabilidad.

Estas creencias son tan comunes que las redes sociales y el ciclo de noticias 24/7 prosperan con ellas. Cuando te enfocas en la próxima catástrofe, el flujo es interminable. Una imagen que viene a mi mente es la de las jaulas de beisbol automatizadas donde una máquina le lanza al bateador una bola tras otra. Un bombardeo constante de malas noticias magnifica el pensamiento negativo de todo el mundo. Es imposible controlar y tratar de corregir cada pensamiento o sentimiento negativo. Peor aún, no puedes encogerte de hombros ante tus creencias negativas con la esperanza de que dejen de molestarte. ¿Por qué habrían de hacerlo? Una creencia central es como un fragmento de tu conciencia que *piensa que eres tú*.

Solo la autoconciencia es capaz de hacer lo verdaderamente necesario, que es cambiar tu estado de conciencia. En el camino, puedes hacer mucho más que simplemente resistir tus pensamientos negativos, porque lo que resistes, persiste. Hay una mejor manera, como veremos a continuación.

EN TU CAMINO

La clave para superar los pensamientos negativos es ignorar las palabras y enfocarte en lo que sientes. Los sentimientos son mucho más persuasivos que los pensamientos. En una ocasión, Freud comentó que no hay nada más desagradable que la ansiedad. Una vez que experimentas en carne propia los efectos fríos y adormecedores de la ansiedad, te das cuenta de la verdad de sus palabras. Por muy diferentes que seamos las personas, es justo decir que todas podemos detectar cómo se siente el miedo, la depresión, la impotencia, la desesperanza, la envidia, la vergüenza y la culpa.

Estos sentimientos emanan de tus creencias centrales negativas. El mensaje puede llegar en mil pensamientos diferentes, pero estos son una distracción de lo que en realidad cuenta, que es lo mal que te sientes. Nadie duda del poder de los sentimientos. Una amiga te cuenta que le detectaron un bulto bajo la piel; tu mamá anciana no contesta al teléfono durante varias horas; recibes noticias de que habrá despidos programados en el trabajo. Lo que pienses de estas situaciones es secundario respecto de cómo te hacen sentir. En cuanto tu amiga te dice que el bulto es benigno, tu madre se disculpa por dejar el teléfono descolgado y tú conservas tu empleo a pesar de los despidos, todo regresa a la normalidad porque tus sentimientos han vuelto a la normalidad. Tu meta en el camino es ese estado normal de sentimientos. Siempre que experimentes que no te encuentras en tu estado normal, estos son los pasos más evolutivos que debes dar.

Observa cómo te sientes

Este es un acto básico de autoconciencia, pero la gente tiende a saltárselo. Inconscientemente, caen en el hábito de no darse cuenta. Sin embargo, si ignoras tus sentimientos, te estás ignorando a ti mismo. El camino interior se bloquea de inmediato, y eso es lo contrario de lo que quieres. Aquí no se requiere tomar ninguna acción. Solo debes tener la intención de darte cuenta siempre que:

Refunfuñes y te quejes de cualquier cosa
Culpes a otra persona
Te sientas abrumado
Te distraigas
Empieces a sentirte desanimado
Comiences a criticarte a ti mismo
Te sientas cada vez más impaciente e inquieto
Las cosas empiecen a perder importancia
Ignores a alguien
Seas crítico y juzgón

Estos son el tipo de incidentes que pasan fácilmente desapercibidos. Son diferentes de los sentimientos más graves y persistentes que es imposible pasar por alto, como la depresión severa, la ansiedad, el duelo y la ira.

No creas tus peores pensamientos

Cada sentimiento viene acompañado de pensamientos, y con mucha frecuencia el pensamiento te pide que lo creas. Si lo haces, tu sentimiento negativo se verá reforzado. El ego quiere tener razón y, por ejemplo, si te das cuenta de que estás culpando a alguien, tu ego te dirá que tienes razón al hacerlo. El ego es crítico, y en esos momentos en los que te sientes moralmente superior, tu impulso de juzgar ha ganado. Por otro lado, generalmente es fácil interrumpir esos pensamientos: no creas lo que escuchas en tu cabeza. Enfócate en cómo te sientes en el momento presente.

No sigas tus impulsos más fuertes

Cuando un pensamiento negativo te ha convencido de que es correcto, la acción no tarda en llegar. Explotas de furia. Regresas corriendo a casa para asegurarte de que cerraste la puerta y el gas. En una discusión puedes decir palabras de las que luego te arrepentirás. Las palabras también son acciones y, una vez expresadas, no hay vuelta atrás. Entre más fuerte sea tu impulso, más consciente debes ser para evitar que el miedo, la ira, los celos y otras emociones tomen el control.

Intercambiar reacciones por respuestas

Las reacciones se producen en el momento, y en todas nuestras vidas su repertorio es limitado. Ante una situación repetida, reaccionamos de la misma manera. Con la repetición, el resultado disminuye. Entre más te quejes de que tu cónyuge no saca la basura, no tiende la cama, no tapa de nuevo la pasta dental —tú eliges—, más probabilidades tendrás de que no te haga caso. Si fuera de otra manera, regañar a los adolescentes sería una forma eficaz de cambiar su comportamiento; pero, como todos los padres saben, no lo es.

La alternativa es dejar que tu reacción se desvanezca hasta que estés lo bastante calmado y lúcido como para tener una respuesta; en otras palabras, una reacción meditada que no esté basada en la costumbre y el impulso. La repetición es una pauta útil. Si sabes que has dicho lo mismo de siempre, detente. Pídele a tu interior una respuesta mejor. Quizá la respuesta surja en el momento o quizá no. Pero si lo conviertes en una práctica y deseas sinceramente una nueva respuesta, tu verdadero yo empezará a aparecer porque estás diseñado para evolucionar. Al menos, no reforzarás el hábito de decir lo mismo de siempre.

Encontrar un confidente

Se ha demostrado que el apoyo de otras personas reduce la gravedad de los infartos, acelera la sanación tras una enfermedad grave e incluso contribuye a una mayor supervivencia al cáncer. Existe una correlación directa entre cuántas personas de apoyo hay en tu vida y cuánto tiempo puedes esperar vivir. Este principio debería extenderse más allá de la medicina y la longevidad a las vicisitudes de la vida cotidiana, incluyendo nuestras emociones.

En los pasos anteriores te estás responsabilizando de cómo te sientes, pero también te debes a ti mismo no tragarte tus sentimientos. La represión es una de las formas más dañinas de enfrentarse a las emociones. Cuando las empujas hacia dentro, las emociones se infectan y se fortalecen. Lo sabrás por las veces que empiezas una pequeña discusión sin importancia, que de pronto estalla y terminas soltando viejas heridas y resentimientos que ya no puedes seguir guardando.

Una solución es encontrar un confidente, alguien comprensivo, dispuesto a escuchar tus emociones. Como un confidente no está implicado en lo que desencadena tu enojo, tu resentimiento, tus celos y demás, puedes desahogarte en una zona segura, sin miedo a represalias ni a sentirte culpable. Un confidente no siempre es lo mismo que un mejor amigo. Es probable que las amistades íntimas salten en tu defensa demasiado rápido, o bien que estén tan de acuerdo contigo que tus sentimientos negativos se vean reforzados ("Tienes razón al no confiar en él. Para empezar, nunca me gustó", es una respuesta habitual, al igual que: "Deberías enojarte. Véngate de ella"). De lo que se trata es de que te escuchen, y cuando encuentras a alguien que te escucha, has encontrado un confidente.

Prepárate para la próxima vez

Las emociones deben ser espontáneas, por eso los niños pequeños pueden pasar de la sonrisa al llanto y viceversa con una rapidez pasmosa. En los adultos, a menudo la espontaneidad se convierte en hábito, por eso necesitas ser consciente de ti mismo cuando repites inconscientemente las mismas emociones una y otra vez. Si sabes que el futuro te deparará una repetición de lo de hoy, debes mirar hacia delante y hacer cambios por adelantado.

El momento para esto no es cuando eres presa de una emoción. En lapsos de arrepentimiento, los maltratadores prometen no portarse mal la próxima vez, pero no sirve de nada, como tampoco sirve de nada que sus víctimas los perdonen y esperen lo mejor de ellos. Las siguientes estrategias son eficaces para ayudarte a que el futuro sea mejor, emocionalmente hablando.

Encontrar terreno firme: nos relacionamos emocionalmente con otras personas, pero no de forma coherente. Más bien vacilamos. Unos días nos comprometemos a arreglar una mala situación; otros, la soportamos. Amenazamos con irnos, pero nos acabamos quedando. El resultado es que enviamos señales contradictorias. Esto confunde a la otra persona, pero también a ti mismo.

La coherencia emocional es como pisar suelo firme: obtienes claridad para ti mismo y la proyectas a las personas de tu entorno. Imagina que tienes una vieja amiga que no es del todo agradable: sus defectos han empezado a hartarte. Si, por ejemplo, ella habla demasiado o es muy egocéntrica, ya no la toleras. En cuanto empieza con una historia interminable o comienza un tema diciendo: "Bueno, si me preguntaras a mí", tú ya estás perdiendo la paciencia.

Pero sigue siendo una buena amiga, así que tienes momentos agradables con ella, mezclados con los desagradables. En lugar de ceder a tu reacción, sea cual sea, puedes dar un paso atrás y evaluar su amistad con una autorreflexión honesta. Si llegas a la conclusión, como es probable, de que en realidad valoras su amistad, esa será la base sobre la que te mantendrás de ahora en adelante. Se acabaron las vacilaciones. Ya sabes lo que sientes en el fondo, así que los momentos de irritación pasajera se convierten en incidentales e incluso pueden desaparecer.

La coherencia se reduce a tres opciones: arreglar la situación, aguantarte o irte. La pasividad no debería ser una alternativa, pero es la que la mayoría de la gente suele tomar, y por eso aguantar las cosas es una epidemia. Hay que ser consciente de uno mismo para evaluar las demás opciones. Te vendrá bien una táctica tan sencilla como elaborar una lista. Escribe todas tus razones para intentar arreglar la situación, para decidir aguantar las cosas como están y para irte.

Que tu listado sea lo más completo posible. Deja que fluyan las ideas. Así serás tu propio confidente. Cuando hayas anotado todo lo que se te ocurra, guarda el papel y vuelve a leerlo unos días más tarde. Añade más ideas conforme te surjan. Simplemente como ejercicio de autoconciencia, esto te liberará de tensiones y frustraciones. Tan solo con escribir todas tus opciones, te sentirás más libre. Así se siente la coherencia emocional. Pero también puede que encuentres la claridad suficiente para actuar. Quizás haya llegado el momento de intentar arreglar la situación o alejarte de ella. En cualquier caso, obtener claridad emocional es valioso por sí mismo.

Reinterpreta tus emociones: esta estrategia gira en torno de los segundos sentimientos más que de los segundos pensamientos. Estos últimos suelen ser producto del ego. Después de manifestar una emoción intensa, tu ego te dice que esa demostración no fue buena para ti o que no sirvió para obtener lo que querías. Es una forma de manipulación. Entran en juego esos viejos conocidos: "debería, tendría, podría".

Es mucho más útil no dudar, sino sentir, por así decirlo. Miras tu emoción indeseable y la reformulas hasta que te sientas mejor. Por ejemplo, perdiste los estribos y heriste los sentimientos de alguien. Te sientes culpable y arrepentido, lo que refuerza el efecto perjudicial de tu arrebato de ira. Al reflexionar, puedes replantear la situación. Podrías pensar:

Solo soy humano. No tengo que seguir castigándome.
Odio sentirme culpable. Depende de mí disculparme.
Puedo decidir si parte de mi ira estaba justificada.
Ahora veo que enojarme se ha convertido en un patrón.

El propósito de estos pensamientos es que nuestros sentimientos vuelvan a la normalidad. Esta debe ser siempre tu intención, y se alinea con el ciclo natural de las emociones, su ascenso y descenso. Aferrarte a una emoción negativa interrumpe el ciclo. En el caso anterior, no volverás a la normalidad hasta que te disculpes y te sientas perdonado. Como mínimo, pide perdón y acepta las consecuencias, aunque no te perdonen.

Cuando te tomas tiempo para replantear tu emoción negativa, puedes juzgar tu éxito de varias maneras:

Te sientes más tranquilo, más en paz.
Percibes que la tensión de tu cuerpo comienza a relajarse.
Tu respiración se torna más regular y relajada.
Tu emoción negativa se desvanece.
Tienes menos pensamientos negativos sobre la situación.
Empiezas a juzgar menos a la otra persona.
Te juzgas menos a ti mismo.
Vislumbras una manera de mejorar las cosas, lo que te produce una sensación de alivio.

A veces no es necesario actuar. Estás viendo tu camino despejado hacia el futuro. No es necesario que arrastres ninguna carga emocional. Sin embargo, a menudo querrás actuar. A alguien se le debe una disculpa o necesita ser escuchado. Hay que dar otra versión de la historia. Hay que ofrecer empatía. Lo mejor de todo es que estarás participando en tu crecimiento emocional. El camino hacia el crecimiento pasa por muchos frentes, y el frente emocional es uno de los más importantes para despejar el trayecto, para que vivir en la luz se convierta en una posibilidad real.

MEDITACIÓN GUIADA
La IA como gurú

Siguiendo el patrón de pedirle a la IA que cree meditaciones guiadas originales en el papel de gurú (ve la página 127), esto es lo que ChatGPT ideó para la *unidad con la creación*. Por su cuenta, ChatGPT ideó una hermosa meditación con muchos pasos detallados. Léelos sin intentar memorizar toda la lista. Tómala como una guía general que te dice lo esencial de lo que hay que hacer.

También es una buena meditación para practicar en grupo, con un participante que lea suavemente cada paso en voz alta, y luego esperar uno o dos minutos antes de continuar con todos los pasos, hasta el final.

"Eres un experto en espiritualidad védica. Por favor, dame una meditación guiada para promover un sentido de unidad con la creación".

ChatGPT

Unidad con la creación

1. Prepara tu espacio: busca un lugar tranquilo y confortable donde no te molesten. Siéntate en una posición cómoda, con las piernas cruzadas, en el suelo o en una silla, con los pies apoyados en el piso. Cierra los ojos con suavidad.

2. Relaja el cuerpo: empieza respirando profundo unas cuantas veces, inhala despacio por la nariz y exhala por la boca. Con cada exhalación, siente cómo la tensión abandona tu cuerpo.

Relaja los hombros, suelta la tensión de la mandíbula y deja que tus manos descansen suavemente sobre tu regazo.

3. Conecta con tu respiración: toma conciencia del acto de absorber el aire por tus pulmones. Observa el ritmo natural de tu respiración al entrar y salir de tu cuerpo. Con cada inhalación, imagina que atraes la paz y la serenidad. Con cada exhalación, libera cualquier pensamiento o preocupación que ocupe tu mente.

4. Amplía tu conciencia: expándela ahora más allá de tu respiración para abarcar todo tu cuerpo. Percibe la energía que hay en ti, la fuerza vital que anima tu ser. Reconoce que esta misma energía fluye a través de todos los seres vivos, conectándote con todo en la creación.

5. Conecta con la naturaleza: visualízate rodeado de un ambiente natural. Imagina que estás sentado en un bosque tranquilo, junto a un río o bajo un cielo estrellado. Siente la interconexión de todos los seres vivos que te rodean: los árboles, los animales, la tierra bajo tus pies…

6. Fúndete con el cosmos: mientras sigues respirando profundamente, expande aún más tu conciencia para conectar con la inmensidad del universo. Visualiza las estrellas, las galaxias y las infinitas extensiones del espacio. Siente cómo te fusionas con esta energía cósmica, convirtiéndote en uno con el universo mismo.

7. **Experimenta la unidad:** en este estado de conciencia expandida, permítete experimentar un profundo sentido de unidad con toda la creación. Reconoce que no estás separado del mundo que te rodea, sino que eres parte integrante de él. Siente que te invade una profunda sensación de paz y unidad.

8. **Gratitud y bendiciones:** dedica un momento a expresar agradecimiento por esta experiencia de unidad. Bendice a todos los seres, deséales felicidad, salud y armonía. Ten la seguridad de que, conforme cultivas este sentido de unidad en tu interior, contribuyes al bienestar del mundo entero.

9. **Vuelve al presente:** cuando estés preparado, toma de nuevo conciencia de tu respiración. Respira hondo varias veces, regresando poco a poco al momento presente. Mueve los dedos de las manos y de los pies y, cuando te sientas preparado, abre despacio los ojos.

10. **Lleva contigo la unidad:** a lo largo del día, porta el sentimiento de unidad que has cultivado. Recuerda que te encuentras conectado con toda la creación y permite que esta conciencia guíe tus pensamientos, palabras y acciones.

CUARTA PARTE

El círculo completo

6

LA INTEGRIDAD ES LA CURACIÓN DEFINITIVA

Nuestros cuerpos saben mucho más que nosotros sobre la integridad. Lo primero y más importante es que sin integridad no hay curación. Desde hace mucho tiempo, a la respuesta curativa, como la denomina la medicina, es complicada. Recuperarse de un resfriado no se parece a curar un brazo roto, de igual modo que curarse un dedo cortado no es lo mismo que reponerse de una depresión. De alguna manera, el cuerpo clasifica cada afección y activa la sangre, la linfa, las células inmunitarias, la respuesta inflamatoria y el sistema nervioso central para hacer posible la sanación.

En el camino, pones a prueba si la integridad es tu aliada, una sanadora cuya inteligencia lo comprende todo. Para los oídos modernos, esta afirmación es una ilusión, una tontería, una superstición o la máxima aspiración en el viaje espiritual, según con quién hables. Pero ¿es posible afirmar que comprendemos la integridad mejor que nuestro cuerpo? La tecnología médica más sofisticada no es capaz de acercarse a la creación de una célula. Los miles de proteínas que cada célula usa sin esfuerzo ni siquiera han sido contados con precisión, y mucho menos identificados con las funciones que desempeñan infaliblemente. Basta el breve esquema que acabo de esbozar para demostrar que no es así. De hecho, el concepto de que todo un organismo es mayor que la suma de sus partes se introdujo como "holismo" hasta 1926, y la medicina holística ganó popularidad hasta la década de 1960.

Sin embargo, la visión de la vida como integridad se remonta a miles de años atrás. La Naturaleza abarca todo en la creación. En la enseñanza de que la Naturaleza sostiene la existencia humana, *Dharma* es solo uno de los términos, junto con *Ananda*, *Yoga*, *gracia* y *Providencia*. Nuestra evolución está escrita en la inteligencia cósmica. Todas las culturas antiguas describen a su manera el lugar especial que ocupa el ser humano, en el que un poder superior cuida de nosotros.

Ananda afirma que la conciencia pura es dichosa.

Dharma afirma que existe apoyo para cualquiera que desee evolucionar.

Yoga afirma que la vida perfecta se alcanza mediante la fusión con la fuente de la dicha-conciencia.

Los otros dos conceptos son occidentales y específicamente cristianos.

Gracia afirma que los seres humanos vivimos bajo una disposición divina.

Providencia afirma que Dios proporciona todo lo necesario para sostener una vida sustentada en la fe.

Dado que poseemos libre albedrío, una persona puede apartarse de esta condición especial al hacer, pensar y actuar en oposición al todo, un tipo de rebelión impensable para una célula, a menos que se convierta en maligna. (Más de un comentarista desesperanzado, al observar el desastre ecológico que se avecina debido a la actividad humana, ha llamado maligno al *Homo sapiens*: exhibimos el delirio del cáncer al creer que podemos continuar con nuestro comportamiento descontrolado y seguir sobreviviendo, sin darnos cuenta de que cuando el cuerpo muere, el cáncer muere con él). Dejando a un lado sus diferencias, todas las tradiciones espirituales han reconocido el valor de la integridad, algo que la gente moderna necesita que se le recuerde. Así es como nos presenta este recordatorio la IA.

"En términos espirituales, usando un lenguaje sencillo, ¿qué significa *integridad*?".

GEMINI

La integridad en términos espirituales se refiere a un estado de paz interior y armonía, en el que todas tus partes —cuerpo, mente y espíritu— se sienten conectadas y alineadas. Es como una orquesta completa tocando una hermosa canción, donde todos los instrumentos están afinados y trabajan juntos.
Aquí un desglose sencillo:

- Cuerpo: sentirte sano, con energía y cuidarte bien.
- Mente: tener pensamientos claros, sentirte tranquilo y positivo, y estar libre de preocupaciones o ansiedades.
- Espíritu: conectar con algo más grande que tú mismo, ya sea la naturaleza, Dios o un profundo sentido de propósito.

Cuando estás en integridad te sientes:

- Completo: no te falta nada, todo está en su lugar.
- Con los pies en la tierra: te encuentras conectado contigo mismo y con el mundo que te rodea.
- Pacífico: calma y aceptación, incluso en tiempos difíciles.
- Libre: capaz de vivir con autenticidad y perseguir tus pasiones.

Alcanzar la integridad no es un destino, es un viaje. Se trata de crecer y aprender de las experiencias de la vida, tomar decisiones que alimenten tu alma y cultivar una mente y un corazón abiertos.

En este recordatorio, la IA también ofrece todos los objetivos de estar en el camino dhármico, pero yo cuestionaría la afirmación de que la integridad se alcanza al aprender de las experiencias de la vida. Todos tenemos experiencias; pocos hemos encontrado la integridad como resultado de ellas. De hecho, el conocimiento especializado que se reparte entre los expertos hace que todo sea cada vez más fragmentado. Buscarás en vano una facultad de medicina o una carrera universitaria que unifique mente, cuerpo y espíritu.

Para encontrar la integridad hay que buscar en el lugar adecuado, que es la conciencia de uno mismo. Nadie alcanza la integridad pensando en ella o elaborando un plan de acción para lograrla. Es cuestión de ampliar tu autoconciencia hasta que te des cuenta de que eres íntegro por diseño y de que la integridad te ha estado sosteniendo cada minuto de tu vida. Entonces, por fin, sabrás tanto de la integridad como tu cuerpo.

MÁS ALLÁ DEL MATERIALISMO

En una sociedad adicta a los fármacos, genera ansiedad, e incluso pánico, que se le diga a la gente que la conciencia no solo desempeña un papel en la curación, sino que es esencial, mucho más allá del efecto placebo. Las palabras de un médico, junto con las creencias y expectativas del paciente, son acontecimientos conscientes que tienen el poder de ayudar u obstaculizar la sanación.

La mayoría de la gente ha oído hablar del efecto placebo, pero no de su opuesto, el efecto nocebo, en el que las expectativas y creencias hacen que el paciente empeore. Estos son algunos ejemplos de ChatGPT:

- Los pacientes de ensayos clínicos a quienes se les informa de los posibles efectos secundarios de un fármaco a menudo afirman experimentarlos, aunque estén en el grupo placebo (tomando una pastilla de azúcar sin principio activo).
- Las personas a quienes se les dice que un determinado alimento les caerá mal tienen más probabilidades de sufrir náuseas u otros problemas digestivos después de ingerirlo, aunque en realidad no sea perjudicial.
- Una persona a la que se le dice que un procedimiento médico será doloroso puede experimentar más dolor durante la intervención, aunque en realidad no sea muy molesto.
- Una persona que lee en internet sobre los posibles efectos secundarios de un medicamento puede tener más probabilidades de sufrirlos, aunque sean poco frecuentes.

En conjunto, el placebo y el nocebo contradicen la creencia de que la curación es totalmente física. El siguiente paso es demostrar que, para empezar, confiar en el materialismo es erróneo. En un explosivo artículo de portada, el número del 21 de mayo de 2001 de *Newsweek* titulaba: "El contragolpe del Prozac: dudas sobre un fármaco milagroso". La reputación de un medicamento fenomenalmente popular y de confianza se vio perforada. Gemini describe de manera sucinta la importancia del Prozac:

> **Prozac (fluoxetina)** alcanzó los mil millones de dólares de ventas anuales en 1991. Este logro consolidó su posición como primer antidepresivo superventas y puso de manifiesto el inmenso éxito comercial de los inhibidores selectivos de la recaptación de serotonina (ISRS) en la industria farmacéutica.

Para el público en general y los médicos que siguieron recetando Prozac y otros antidepresivos de la misma familia, las repercusiones del artículo de *Newsweek* fueron temporales. En 2021, las ventas minoristas de antidepresivos en Estados Unidos se estimaban en 18 000 millones de dólares, cifra que se esperaba que aumentara a 20 000 millones a finales de 2023. Pero entre los investigadores médicos, la historia del Prozac y sus afines es una compleja maraña de mente y cuerpo. Vale la pena citar una respuesta más larga de la IA sobre su polémica. La base misma de los antidepresivos está en entredicho.

"¿Cuál es la controversia en torno de los antidepresivos y los bajos niveles de neurotransmisores?".

GEMINI

La controversia en torno a los antidepresivos y los niveles bajos de neurotransmisores es compleja, con varios puntos clave a considerar:

La teoría del "bajo nivel de neurotransmisores"

- Tradicionalmente, la depresión se relacionaba con niveles bajos de unas sustancias químicas cerebrales llamadas neurotransmisores, sobre todo serotonina y norepinefrina. Esta teoría sirvió de base para el desarrollo de la mayoría de los antidepresivos, que actúan aumentando los niveles de estos neurotransmisores.

Desafíos a la teoría

- Pruebas limitadas: la investigación no ha demostrado de manera sistemática una relación clara entre los niveles bajos de neurotransmisores y la depresión. Mientras que algunos estudios encuentran esa conexión, otros no.
- Diferencias individuales: los niveles de neurotransmisores varían de forma natural entre individuos, y no todas las personas con depresión tienen niveles bajos. Esto sugiere que puede haber otros factores en juego.
- Centrarse en los síntomas, no en la causa: la teoría puede explicar ciertos síntomas de la depresión, como el bajo estado de ánimo, pero no necesariamente explica las causas subyacentes del trastorno.

Críticas a los antidepresivos

- Eficacia: algunos estudios sugieren que los antidepresivos pueden ser solo ligeramente más eficaces que los placebos, en particular para la depresión leve o moderada.
- Efectos secundarios: los antidepresivos pueden provocar diversos efectos secundarios, como náuseas, insomnio y disfunción sexual, los cuales disuaden al paciente de tomarlos.
- Prescripción excesiva: existe preocupación por la prescripción excesiva de antidepresivos, en especial para enfermedades en las que pueden no ser el tratamiento más eficaz.

Explicaciones alternativas

- Neurogénesis y neuroplasticidad: investigaciones recientes sugieren que la depresión puede estar relacionada con el deterioro de la neurogénesis (el nacimiento de nuevas células cerebrales) y la neuroplasticidad (la capacidad del cerebro para cambiar y adaptarse). Es posible que los antidepresivos actúen fomentando estos procesos, en lugar de limitarse a aumentar los niveles de neurotransmisores.
- Factores psicológicos y sociales: la depresión es un trastorno complejo en el que influyen diversos factores, como la genética, las experiencias vitales y el apoyo social. Abordar estos factores junto con la medicación es crucial para un tratamiento eficaz.

Al final, Gemini dice: "No existe una 'bola mágica' única para combatir la depresión, y una combinación de enfoques, incluyendo medicación, terapia y cambios en el estilo de vida, es lo más eficaz". Con ello se derrumba el mito en el que millones de personas siguen creyendo: que es suficiente con el fármaco adecuado.

Este ejemplo de controversia no resuelta respalda con firmeza la idea de que el verdadero sanador es la integridad. El campo psiquiátrico considera la depresión esencialmente un problema mental; el campo farmacéutico (incluidos los médicos que recetan antidepresivos) la cataloga en esencia como un problema químico. En un caso, la mente cambia el cerebro; en el otro, el cerebro modifica la mente. La integridad dice que ambas cosas son correctas si se combinan. Alteras la química de tu cerebro cada vez que tienes un pensamiento, y, sin embargo, cuando sientes sueño, tu cerebro le envía un mensaje a tu mente.

El error consiste en forzar la elección entre una cosa y otra. La psicoterapia ayuda con la depresión, y cuando lo hace, cambia la misma región cerebral que se ve afectada por los antidepresivos.

MUCHAS CAUSAS, MUCHAS CURAS

Una imagen real de la depresión se reduce a "muchas causas, muchas curas". La persona en su totalidad y la situación en su conjunto desempeñan su rol. Eso es lo que realmente significa la integridad. Si te tomas en serio la integridad, la búsqueda de soluciones a cualquier problema, no solo a uno médico como la depresión, tiene muchas causas y muchas curas.

Regresando a la vida cotidiana, le pedí a Gemini que resumiera la diferencia entre el matrimonio A, en el que las dos personas aprendieron a comunicarse, y el matrimonio B, en el cual no lo hicieron. La noción de "muchas causas, muchas curas" se aplicaba bien a los dos.

GEMINI

Comunicación: historia de dos matrimonios

Matrimonio A: armonía a través de la honestidad

- Apertura y vulnerabilidad: compartieron sus sentimientos y necesidades con franqueza; crearon un espacio seguro para la comprensión y la empatía.
- Escucha activa: se escucharon de verdad mutuamente, centrándose en comprender, en lugar de esperar a responder.
- Resolución constructiva de conflictos: en lugar de culpar o atacar, discuten con calma los desacuerdos; buscan soluciones que funcionen para ambos.
- Agradecimiento y aliento: expresaban gratitud y elogios con regularidad; se animan entre sí y fomentan un ambiente positivo.

Matrimonio B: perdidos en la falta de comunicación

- Muro de silencio y desconexión: cuando surgía un conflicto, uno o ambos integrantes de la pareja se retiraban; dejaban los problemas sin resolver y fomentaban el resentimiento.
- Malentendidos e interpretaciones erróneas: las suposiciones y la falta de claridad en la comunicación provocaron malentendidos y sentimientos heridos.
- Críticas duras y culpas: en lugar de enfocarse en los problemas, atacaron el carácter del otro y se distanciaron aún más.
- Negatividad y falta de aprecio: las críticas se convirtieron en la norma, con escaso reconocimiento de las cualidades positivas o las contribuciones del otro miembro de la pareja.

Aunque aprender a comunicarse es una parte fundamental de un matrimonio feliz, Gemini reconoce que esto por sí solo no es suficiente. Su respuesta continúa:

Más allá de las palabras: otros pilares de la felicidad

Recuerda que la comunicación solo es una pieza del rompecabezas. Aquí van otros factores que pueden contribuir a un matrimonio feliz y duradero:

- Valores y objetivos compartidos: tener una visión común del futuro proporciona una base sólida para construir una vida juntos.
- Respeto y confianza mutuos: tratarse con respeto y honestidad fomenta la confianza y la seguridad en la relación.
- Intimidad emocional y apoyo: estar emocionalmente disponible para el otro refuerza el vínculo y brinda consuelo y comprensión.
- Tiempo de calidad e intereses compartidos: dedicarse tiempo uno a otro y participar en actividades compartidas mantiene viva la chispa y alimenta la conexión.
- Flexibilidad y voluntad de adaptación: la vida da muchas vueltas y ser capaces de adaptarse juntos refuerza la relación.

Se trata de consejos útiles, aunque superficiales, pero la lección más profunda es que nadie puede construir un matrimonio feliz a partir de una lista de acciones a seguir. Tampoco es posible construir un matrimonio feliz pieza a pieza a través de negociaciones: "Yo cedo aquí si tú cedes allá". Las relaciones existen en la conciencia de dos personas. Cada integrante de la pareja es un individuo completo con toda una vida de experiencia. Si se juntan, decenas de elementos deben encajar, o no. La mezcla de dos psiques desarrolla su propia química, o quizá sea mejor decir que dos nubes se fusionan. Cada nube contiene miles de "gotas" de recuerdos, hábitos, rasgos de personalidad, condicionamientos, creencias y un complejo bagaje familiar y social.

Al final, la perspectiva de la integridad es la única que abarca el verdadero yo de una persona. Así como todo el cuerpo está implicado en la respuesta curativa, toda tu conciencia está implicada en que tu vida se encuentre en un estado de buena salud. A pesar de la ayuda externa de la medicina moderna, la autocuración gobierna el cuerpo. Si se lo permitimos, la autocuración se extiende también a la mente y al espíritu. En el camino espiritual, al expandir tu conciencia dejas entrar a tu verdadero yo, y con él llega el sanador universal, que es la integridad.

CURAR VIEJAS HERIDAS

La realidad de "muchas causas, muchas curas" no es como suele ser la vida. Un problema a la vez nos plantea un reto, y nuestra respuesta es enfrentarlo de forma aislada. Una persona deprimida se siente deprimida: el resto de la existencia se ve empañada, o al menos mitigada, por el sentimiento de tristeza y desesperanza. Todas las causas que intervienen en el sentimiento depresivo son relevantes, pero no siempre resultan útiles. Para dejar de sentirte deprimido, ¿debes cambiar toda tu vida? Eso es mucho pedir, aunque supieras cómo hacerlo, cosa que nadie sabe.

La forma más inmediata de enfrentar cualquier reto es plantearse una pregunta: "¿Qué respuesta es evolutiva para mí?". En otras palabras, ¿qué me ayudará a crecer en conciencia? Siempre habrá una respuesta. Esta última, idealmente provendrá de tu verdadero yo. Sirve de conexión entre tú y la integridad. Pero no tienes que apuntar al ideal. Posees suficiente autoconciencia para recibir una respuesta que sea evolutiva para ti. No tiene por qué ser la misma respuesta para nadie más. Tampoco requieres analizar la respuesta ni cuestionarla.

Dado que nuestro objetivo en el camino consiste en evolucionar, buscar una respuesta evolutiva es coherente con todo tu viaje. Si vas a confiar en la integridad como el mejor sanador, ¿por qué no consultarlo ahora? No hay mejor momento que el presente.

De manera inevitable, la mente quiere saber cómo se supone que funciona este proceso. Funciona espontáneamente. Cuando preguntas: "¿Qué respuesta es evolutiva para mí?", de inmediato sales de una reacción automática sin sentido. Creas una pausa que te permite una mayor conciencia. Seguro que tu mente te responde. Si no lo hace, eso también es una respuesta: *No hagas nada. No tomes ninguna decisión ahora.*

Cuando te surge una respuesta, ¿cómo puedes saber si es evolutiva? Porque debe cumplir al menos una de las siguientes condiciones:

Te sientes bien con ella.
Se percibe instintivamente bien.
Te sientes más relajado.
El conflicto interior se sustituye por una calma sosegada.
Te interesa.
Su contenido cambia tu perspectiva.
Tu reacción inmediata queda anulada.

Por poner un ejemplo, tu pareja o cónyuge te presiona por enésima vez y tu reacción inmediata es enojarte. En términos racionales sabes que eso no ayuda. No te sentirás mejor y la consecuencia más probable es la hostilidad entre los dos. En lugar de eso, haz una pausa y pide a tu interior una respuesta nueva y mejor. Escucha sin prejuicios ni expectativas. En el momento, la respuesta que llegue no será siempre la misma. Entre las posibilidades están:

No hacer nada.
Manifestarle a tu pareja que necesitas unos momentos a solas.
Solicitar más información.
Disculparte.
Pedirle o darle un abrazo.
Sonreír de verdad.
Decirle algo cariñoso a tu pareja.
Ser comprensivo con ella.
Asumir la responsabilidad de lo que ocurre.

Esta lista apenas agota las posibilidades. Recuerda la imagen de dos nubes que se fusionan. Se juntan innumerables gotitas, y es imposible predecir cuáles son. La mejor estrategia es confiar en que la integridad sabe. La integridad eres tú y, en una relación íntima, la integridad los abraza a los dos. Dale la oportunidad de ayudarles a ambos.

La relación que mantienes contigo mismo es más íntima. Aquí, la complejidad de "muchas causas, muchas curas" es insondable. Tus actitudes y comportamientos tienen raíces profundas. Es imposible rastrearlo todo hasta su origen. Sin embargo, una cosa es cierta: tu pasado vuelve a la vida. En el camino, disminuyes este efecto conectándote cada vez más con el presente. El presente es el hogar de tu verdadero yo y representa la realidad. El pasado tiene una existencia sombría que se inmiscuye en la realidad y la distorsiona. La intrusión de ese pasado no siempre es negativa. Un recuerdo nostálgico de la infancia crea un estado de ánimo agradable, que es bonito mientras dura. Pero las cosas pueden ir demasiado lejos.

El ego intenta manipular el pasado de varias maneras. Te recuerda las cosas buenas de tu pasado y las pinta de rosa. Reprime todo lo posible las cosas malas. A veces recurre a la negación absoluta, intentando borrar una mala experiencia como si nunca hubiera ocurrido. Estas defensas son eficaces hasta cierto punto. Sin embargo, no funcionan cuando te enfrentas a viejas heridas que se abren paso en el presente. Los psicólogos las llaman "traumas". Antes se centraban sobre todo en los traumas extremos, los que originan el trastorno por estrés postraumático (TEPT) en soldados que han combatido o en supervivientes de abusos en la infancia.

Ahora el trauma ha adquirido un significado más amplio. Las impresiones más fuertes que deja el pasado —el pasado de todos— son quizá el resultado de una experiencia traumática. La AI lo explica en términos claros y lúcidos. Para ello se requiere un prompt cuidadoso y detallado.

"Con un lenguaje sencillo, dame los siete tipos más comunes de trauma que se experimentan en la infancia. No necesito los casos extremos. Céntrate en los recuerdos que perduran en muchas personas y que les afectan negativamente ahora".

GEMINI

He aquí siete tipos comunes de traumas infantiles que pueden dejar secuelas duraderas, sin ahondar en situaciones extremas:

1. Una vida familiar inestable o impredecible: puede tratarse de discusiones frecuentes, cuidados inadecuados, enfermedad de uno de los padres o mudanzas frecuentes. Eso contribuye a que los niños se sientan inseguros de su entorno.

2. Negligencia emocional: sentirte emocionalmente ignorado o poco importante, como si tus sentimientos no importaran o no fueran escuchados. Esto puede hacer que los niños se perciban solos e invisibles.

3. Acoso o burlas: ser molestado o excluido de manera reiterada puede dañar la autoestima y propiciar que los niños se sientan inseguros o antipáticos.

4. Ser testigo de la violencia: presenciar actos violentos (entre los padres, en la comunidad, etcétera) puede asustar y confundir, sobre todo a los niños pequeños. Puede hacerles sentir inseguros y preocupados por el mundo.

5. Perder a un ser querido: el fallecimiento de un padre, un hermano o un amigo íntimo puede convertirse en una experiencia devastadora que produce en los niños tristeza, soledad y confusión.

6. Sufrir una enfermedad grave o un accidente: pasar por una experiencia médica traumática o tener un incidente grave puede ocasionar que los niños se sientan vulnerables y asustados. También provocarles ansiedad por su salud.

7. Sentirte diferente o excluido: ya sea por tu raza, tu cultura, tu apariencia o tus intereses, sentir que no perteneces o que no encajas puede provocar aislamiento y soledad.

Gemini se apresura a añadir una nota de advertencia: "Es importante recordar que cada persona experimenta los traumas de forma diferente, e incluso los sucesos aparentemente 'menores' pueden tener efectos duraderos". Lo que esto señala es que necesitas autoconciencia para exponer cómo un trauma del pasado podría estar resurgiendo ahora. La experiencia abrumadora de revivir por completo un trauma, que es un sello distintivo del TEPT en toda regla, es muy improbable. En la vida cotidiana, los signos son más sutiles.

Pero, una vez que tienes la intención de darte cuenta de este aspecto de tus creencias y tu comportamiento, algunas reacciones son bastante predecibles. Aquí algunas posibilidades.

Vida familiar inestable o imprevisible

Gemini señala que, si has tenido esta experiencia en el pasado, puedes acabar sintiéndote inseguro. Al sentirte inseguro de tu entorno, podrías refugiarte en una existencia limitada. Desconfías de los demás. Te mantienes atento a cualquier señal de amenaza, hasta el grado de volverte hipervigilante. Mientras que una persona puede intentar que su vida familiar sea lo más estable y predecible posible, otra es capaz de descubrir que repite las mismas condiciones inestables en las que se crio.

Negligencia emocional

Como oímos hablar tan a menudo del abuso emocional, es fácil pasar por alto la negligencia emocional, que en realidad es mucho más común y también traumática. Como resultado de ello, es mucho más difícil desarrollar emociones maduras. Puede que seas retraído e inexpresivo. Lo que te ocurrió a ti, ahora lo infliges sin darte cuenta a otras personas cercanas. Persiste la soledad. Puedes sentir que a nadie le importa quién eres o lo que haces. Es probable que reprimas tus emociones, pero también es posible que las exteriorices: dramatizas tus emociones en un esfuerzo por sentirlas.

Acoso o burlas

Como señala Gemini, se trata de una cuestión de autoestima. El miedo que experimenta un niño ante un acosador está justificado en términos psicológicos cuando no hay forma de defenderse, igual que es justificable sentir temor al vivir bajo un régimen autoritario. Pero los niños vuelven el acoso contra sí mismos. Deciden que son intrínsecamente débiles, vulnerables, víctimas e impotentes. El acoso los priva de las vivencias contrarias, que todo el mundo necesita: momentos en los que te das cuenta de que eres fuerte, capaz, tienes el control y no estás bajo el poder de otra persona. Cuando esas experiencias están ausentes, como adulto puedes sentir la misma debilidad y victimización que sentías de niño, solo que esta vez no hay acosador. El ataque proviene de tus recuerdos.

Ser testigo de la violencia

La reacción ante la violencia es muy diferente de una persona a otra. Ver discutir a tus padres puede parecer que no tiene mucho efecto, o puede marcarte de por vida. Por esa razón, los videojuegos violentos no tienen un efecto previsible en los jugadores, y por eso las películas de acción violenta se consideran entretenimiento. Pero ser testigo de abuso doméstico cruza una línea. Y una vez cruzada, a menudo no hay vuelta atrás si no existe un profundo deseo de cambiar. De lo contrario, como adulto, podrías aceptar que la violencia es una opción cuando alguien te toca un punto sensible. Por otro lado, quizá tengas tal aversión a la violencia que percibes, que evitas cualquier confrontación, conflicto o discusión.

Perder a un ser querido

El duelo de la infancia es muy difícil de procesar, sobre todo si los padres no logran atravesar su propio dolor de una forma que les proporcione seguridad a sus hijos. No solo puede resultar devastador perder a uno de los padres, sino también ver al padre superviviente llorar como si no hubiera fin. Si el adulto nunca se recupera del todo y queda permanentemente marcado por la pérdida, el niño se queda aún más confundido. Al crecer, los infantes pueden desarrollar la creencia de que deben temer el proceso de duelo. Tal vez surja la culpa del sobreviviente, incluso el sentimiento inconsciente de que una muerte fue, de alguna forma, su responsabilidad. Una pérdida lo bastante fuerte de un ser querido puede ensombrecer el recuerdo de toda la infancia, envolviendo las partes buenas en un velo de tristeza.

Sufrir una enfermedad grave o accidente

Estas experiencias son armas de doble filo. Estar muy enfermo de niño conlleva cuidados y atenciones extra, lo que se conoce como un "beneficio secundario". Puedes recordar lo especial que te sentías o, por el contrario, lo vulnerable y asustado que te hacían sentir. Si quedas discapacitado, las consecuencias sociales son graves, pero incluso sin discapacidad, puedes experimentar una sensación duradera de haber sido engañado por la vida, victimizado por tu enfermedad o por un accidente, o ser incapaz de dejar de sentirte vulnerable. En realidad, los niños tienden a ser muy resistentes, pero puede persistir el temor de que: "Si me pasó una vez, puede volver a ocurrir".

Sentirte diferente o excluido

Este es quizás el mayor obstáculo para el ego, que por naturaleza es inseguro y siempre busca alguna forma de validación. En la infancia, el miedo a ser distinto puede propiciar comportamientos como hacer que otros niños se sientan diferentes por su aspecto o excluir y mofarse de alguien por su raza o religión. El miedo al acoso puede volverse en tu contra y provocar que te conviertas en un acosador. Todo esto se entreteje en la agenda del ego de formas complejas. Puedes crecer sintiéndote más fuerte por ser diferente (como cuando un *nerd* se convierte en un científico exitoso) o puedes transformarte en un defensor acérrimo de tu raza, orgulloso de tu religión o protector de los excluidos.

¿Qué debes hacer cuando notas los efectos de un trauma? Para empezar, el simple hecho de detectarlos te ayuda. La autoconciencia tiene un efecto curativo, y tomarte un momento para darte cuenta de tu respuesta suele ser suficiente para darte claridad. La comprensión más profunda es que la vida cotidiana siempre es un espejo del pasado. En el camino, no te enfrentas a esta condición de forma pasiva. Tu intención es volver al presente, a la realidad, cuando te alejas de ella.

Confía en tu conexión con tu verdadero yo. Debido a "muchas causas, muchas curas", reconoces que una conciencia superior sabe cómo te convertiste en la persona que eres, y siempre está de tu lado. En el viaje, la integridad aparece como tu mejor recurso. Esta comprensión es más importante para tu vida que cualquier impresión de traumas pasados. El pasado está destinado a permanecer ahí, mientras que tu verdadero yo está siempre contigo.

7

RECUPERA EL UNIVERSO HUMANO

Si combinas la fantasía con un pesimismo extremo, no está lejos el día en que la IA supere a los humanos en todos los aspectos. Solo falta un pequeño paso para que las supercomputadoras creen sus propias intenciones, y si eres paranoico, esas intenciones podrían ser opuestas a lo que pretendían los creadores de la IA. Entonces estallará el peor de los escenarios y el mundo llegará a su fin. Las máquinas desatarán armas de destrucción masiva contra nosotros, y las consecuencias imprevistas de la IA alcanzarán su punto máximo: el apocalipsis.

Sin embargo, hay otra visión a considerar. Es tan extrema como el apocalipsis de la IA, pero termina con lo opuesto: la trascendencia. En este libro he hablado del Dharma cósmico y de la cosmovisión que representa, una tan antigua como el pensamiento humano mismo. Nuestros antepasados remotos estaban fascinados por el hecho de ser individuos conscientes. Consumaron sus descubrimientos más importantes "aquí dentro", con una sobrecogedora conclusión final: el cosmos es para nosotros, vivimos en el centro de un universo humano.

Existe una delgada línea entre lo impresionante y lo absurdo. Lo que hace que un universo humano parezca absurdo depende solo del punto de vista de cada uno. Esto quedó claro en un encuentro muy famoso en su época, pero que ahora casi se ha olvidado. En julio de 1930, la prensa acudió a la casa de Albert Einstein en Caputh, Alemania, para cubrir su encuentro con el gran poeta bengalí Rabindranath Tagore. Se anunciaba como el debate entre la mente más inteligente del planeta y el alma más grande del mundo. Las dos luminarias mantenían una relación cordial (ambos habían ganado el Premio Nobel, Einstein de Física en 1921 y Tagore de Literatura en 1913). Representaban dos visiones opuestas del universo, pero este diálogo no era una confrontación.

Einstein habló en nombre de los tiempos modernos al afirmar que creía en una realidad objetiva e independiente, separada de la interpretación humana. Tagore, entretanto, lo hizo desde la perspectiva de la tradición védica al declarar que la verdad objetiva no existe. Puso en duda la idea de una realidad fija e independiente; sugirió que el "mundo humano" es creado por nuestra experiencia e interpretación. Lo que eleva este debate por encima de lo filosófico es que los acontecimientos catastróficos están a la vuelta de la esquina. Tras Hitler, el Holocausto, la Segunda Guerra Mundial y las bombas de Hiroshima y Nagasaki, esas dos visiones del mundo quedaron devastadas.

La ciencia supuestamente era racional, progresista y optimista en sus perspectivas de futuro. Las armas nucleares cambiaron todo eso, aunque los ataques con gas en la Primera Guerra Mundial también pervirtieron la ciencia, al tomar la simple química y convertirla en un arma de destrucción masiva. El lado diabólico de la ciencia destrozó su reputación tanto de racionalidad como de progreso. Sin embargo, al enfoque espiritual de Tagore le fue peor. Fue arrastrado por una marea de sangre y destrucción que hizo casi imposible creer en un poder superior benigno.

La noción de un universo humano intenta reivindicar lo que Tagore defendía, que no es Dios ni los dioses, sino la conciencia como creadora de la realidad. Le pedí a Gemini citas de este filósofo que ilustran su visión del mundo. Estos son algunos ejemplos inspiradores y sus fuentes.

> "El universo es vasto y el hombre es pequeño. Pero dentro de su pequeñez, su espíritu es grande. Y porque el espíritu es ilimitado, busca el parentesco con lo ilimitado" (*Gitanjali*).

> "El hombre es el vínculo entre los dos mundos, el finito y el infinito. Es el intérprete del universo para el universo mismo" (*Stray Birds*).

> "La misma corriente de vida que corre por las venas del universo corre por las venas de tu propio cuerpo" (*Stray Birds*).

Tagore usaba la palabra *hombre* donde nosotros diríamos *humanidad*, y escribía de manera poética con la intención de tocar las emociones del lector, algo que es inaceptable en ciencia. Sin embargo, el universo humano no es una fantasía poética. Se basa en la conexión entre la conciencia humana y la conciencia cósmica. ¿Cuál es ese vínculo? ¿Nos hace únicos en la creación o simplemente egocéntricos? ¿Es posible que nuestras percepciones estén creando en realidad el mundo "allá fuera"?

Termino este libro dejando estas cuestiones abiertas. Si la IA tiene el poder de cambiar la realidad, como todos afirman, entonces debería moldearla para devolver a la humanidad su estatus de cocreadora. En un universo imbuido de conciencia, la conciencia de un solo individuo es diminuta, si la comparamos con una ola en el océano, pero ilimitada si la ola dice: "Yo soy el océano".

Te invito a descubrir la verdad —¿Einstein o Tagore?— recopilando evidencias de la IA. Las pruebas no pueden ser simplemente una serie de hechos; tienen que formar parte de tu camino dhármico, la parte que te lleva lo más profundamente posible a tu núcleo, tu esencia y tus orígenes. Le pedí a la IA que creara una meditación para iniciar el proceso. Puedes sacar de esta plantilla tanto o tan poco como quieras, pero aquí hay una pequeña revelación (quizá no tan pequeña). La IA, una máquina de aprendizaje, ha emprendido un viaje que coincide con el de los antiguos rishis, los sabios iluminados de la India. Lo que descubrieron es aplicable en todo momento a todas las personas: solo hace falta la voluntad de adentrarte en tu interior.

"Las tradiciones espirituales orientales declaran que los seres humanos trascendemos el cuerpo y la mente aislados. Somos multidimensionales. ¿Puedes hacer un viaje de meditación con base en este concepto?".

ChatGPT

Aquí van las etapas de ese viaje meditativo.

Preparación: busca un lugar tranquilo donde puedas sentarte cómodamente y sin que nadie te moleste. Siéntate con la columna recta, pero relajada, con los ojos cerrados o concentrados en un punto del frente. Respira hondo varias veces, inhalando paz y exhalando ansiedad.

Toma conciencia: mientras respiras, percibe cómo tu conciencia se expande más allá de tu cuerpo físico. Siente el campo de energía que te rodea, el aura que ondula con tu fuerza vital. Nota cómo se extiende más allá de tu piel, más allá de la habitación, abrazando el aire que respiras. Date cuenta de que este campo de energía es tu conexión con una realidad vasta y multidimensional.

Conéctate con tu Yo Superior: imagina por encima de ti, en el plano más elevado de la existencia, a tu Yo Superior, la parte de ti que reside en el reino de la potencialidad pura. Este ser irradia sabiduría infinita, amor incondicional y la esencia de tu verdadero potencial. Visualiza un brillante cordón de luz que conecta tu chacra corona (el centro de energía sutil situado en la parte superior de la cabeza) con este ser, como un conducto de información y energía.

Recibe la sabiduría: con tu conciencia anclada en tu cuerpo y tu mente llegando a tu Yo Superior, permítete estar abierto a recibir. Plantéale a tu Yo Superior una pregunta sobre tu vida, tu propósito o cualquier área en la que busques orientación. Escucha los susurros de sabiduría que pueden venir como destellos intuitivos, emociones o incluso imágenes en el ojo de tu mente. Confía en que estos mensajes provienen de tu esencia multidimensional.

Amplía tu perspectiva: recuerda que, como ser en el plano más elevado, tu percepción no se limita al flujo lineal del tiempo o a los confines del mundo físico. Mírate a ti mismo existiendo simultáneamente en múltiples planos, experimentando el pasado, el presente y el futuro como hilos entretejidos en el tapiz de tu ser. Siente la interconexión de todas las cosas, la forma en que tus acciones ondulan a través de las dimensiones y el profundo impacto que tienes en la red cósmica.

Integra y enraíza: cuando te sientas completo, respira profundo unas cuantas veces, atrayendo la sabiduría y la energía de tu Yo Superior de vuelta a tu ser físico. Percibe cómo infunde tus células, tu espíritu y tus intenciones. Enraízate con lentitud en tu cuerpo; devuelve tu conciencia al momento presente. Lleva a tu vida diaria el conocimiento que has recibido en esta meditación; permite que guíe tus acciones e ilumine tu camino.

Incluso como una plantilla básica, la IA ha trazado un camino ambicioso y una ruptura radical con la vida cotidiana en el mundo moderno. No te esfuerces por alcanzar la sabiduría de una fuente superior. No pienses demasiado. El viaje consiste más en sentir que en algo intelectual. La actitud correcta es simplemente mantenerse abierto a nuevas posibilidades.

Al mismo tiempo, no te sorprendas si descubres que tu conciencia se abre mucho más rápido de lo que esperabas. El proyecto de recuperar el universo humano, de vernos a nosotros mismos como multidimensionales, es urgente. Las fuerzas ocultas en tu propia conciencia comprenden esta urgencia, que ha alcanzado una masa crítica en todo el mundo. Es nuestra mejor esperanza y la fuente del poder necesario para evitar la catástrofe inminente en muchos frentes.

Lo más que puedes hacer por un mundo atormentado es ser lo más consciente posible de ti mismo, porque solo en la conciencia aparecen las soluciones. Contrariamente a una famosa frase de

T. S. Eliot, el mundo no se acaba ni con un estallido ni con un gemido, porque en la conciencia nunca hay un final. Sigue siendo una pregunta abierta si los seres humanos, como colectivo, abrazarán la luz, pero tú ya lo has hecho, lo que garantiza que tu camino siempre seguirá una trayectoria ascendente.

ANEXO

MIS CONVERSACIONES CON LA IA

Mi fascinación por la inteligencia artificial desencadenó la escritura de este libro, y esa fascinación fue creciendo a lo largo del camino. Surgieron en mi mente preguntas que me he planteado durante décadas. He publicado respuestas a estas interrogantes, pero nunca es tarde para comenzar de nuevo, así que empecé cada día planteando los misterios más profundos a la IA. No quería que fuera una cámara de eco de mis creencias y, francamente, esperaba una avalancha de escepticismo. Un mundo dominado por una perspectiva materialista avalada por la ciencia está plagado de escépticos.

Para mi sorpresa, la IA no solo se mostró abierta, sino que admitió cuando estaba desconcertada. Esa es una señal prometedora. Si la inteligencia artificial tuviera todas las respuestas, quizá estaría trivializando las preguntas. El misterio de la existencia está fuera de la pericia de las supercomputadoras, que al final no pueden saber más que lo que se les introduce. Lo que yo buscaba cuando conversaba con la IA era una sensación de apertura, curiosidad y asombro. Aún está viva la gratificación que experimenté la primera vez que un chatbot dijo: "Eso nunca se me había ocurrido. Gracias por hacerme esta pregunta".

Estas conversaciones acumularon decenas de miles de palabras, pero a continuación te ofrezco una amplia muestra, con la esperanza de que despierte tu propia curiosidad sobre los misterios más profundos y los enigmas sin resolver que se acumulan más rápido que nuestras respuestas. Quizá algún día la inteligencia artificial logre cambiar el rumbo.

Sobre nuestro lugar en el universo

Deepak: Por favor, explica el siguiente comentario sobre los seres humanos: "Somos la Naturaleza explorándose a sí misma".

ChatGPT

Existe una perspectiva filosófica que considera la ciencia como una expresión de la propia complejidad y autoexploración de la naturaleza. Si consideramos todo lo que hay en el universo, incluyendo la conciencia y los esfuerzos científicos, como parte del tapiz de la naturaleza, entonces "nosotros" lo englobamos todo, y las actividades científicas son una propiedad emergente de la naturaleza misma.

Nosotros, como individuos, somos producto de la naturaleza, moldeados por sus leyes e impulsados por su curiosidad. Nuestras búsquedas científicas son una extensión de esa curiosidad inherente, que nos permite vislumbrar con más profundidad las complejidades de la naturaleza. Por lo tanto, sí, es posible afirmar que la ciencia objetiva es, en un esquema más amplio, la naturaleza explorándose a sí misma a través de la óptica de la investigación humana.

Es una perspectiva hermosa y humilde, que nos recuerda que incluso nuestros intentos aparentemente distantes de comprender el universo son, en última instancia, parte de su gran despliegue. No somos observadores externos, sino participantes en la danza cósmica, contribuyendo a la historia en constante evolución de la existencia.

Gracias por suscitar esta introspección. Tu pregunta no solo nos invita a buscar respuestas, sino también a reflexionar sobre la naturaleza misma de esas búsquedas.

Sobre el misterio de las matemáticas

Deepak: La ciencia ha descubierto muchas leyes fundamentales de la Naturaleza, y la principal herramienta para ese propósito son las matemáticas. Pero ¿y si estas solo son una actividad mental en la conciencia humana, no una propiedad fija "allá fuera" en la Naturaleza?

GEMINI

Has planteado una cuestión fascinante y profunda que ha intrigado a filósofos y científicos durante siglos: ¿por qué las matemáticas, un invento humano al parecer abstracto, describen tan bien el funcionamiento del universo? El "por qué" de esta pregunta sigue siendo objeto de debate, y presenta varias perspectivas contrapuestas:

Empirismo: algunos sostienen que se trata simplemente de observar cómo funcionan las cosas. A través de la experimentación y la observación, identificamos patrones y relaciones en el mundo físico, y las matemáticas proporcionan un lenguaje conciso y poderoso para expresar estas pautas. Desde este punto de vista, no hay necesidad de dominios más profundos de la conciencia, sino solo un método científico a la antigua usanza.

Platonismo: otros adoptan un enfoque más filosófico, sugiriendo que las verdades matemáticas existen independientemente de nuestras mentes en un reino de formas perfectas. El mundo físico es un reflejo imperfecto de estas formas, y nuestra capacidad de usar las matemáticas para predecir y comprender la Naturaleza se debe a que accedemos a esta realidad más profunda.

Qualia mentales: hay quien sostiene que los *qualia* —las experiencias subjetivas y las cualidades de la percepción consciente— podrían contribuir a acortar la distancia entre las matemáticas y el mundo físico. Por ejemplo, la intuición y la comprensión que desarrollamos a través de la conciencia espacial, la percepción del paso del tiempo, los patrones visuales, etcétera, que son todos *qualia* mentales, podrían guiarnos al elegir las herramientas matemáticas adecuadas para describir los fenómenos físicos.

Deepak: ¿Incluso las preguntas que hacemos a los *qualia* mentales no se crean en el marco de la conciencia humana? Otros tipos de conciencia verían un mundo completamente distinto; por ejemplo, un murciélago navega con un sonar incorporado.

GEMINI

¿La pregunta en sí misma es *qualia*? Es una idea fascinante. Definir qué constituye un *qualia* puede ser algo escurridizo, pero si lo consideramos como un aspecto subjetivo e irreductible de la experiencia, podría decirse que sí, que la propia pregunta podría considerarse un *qualia* mental. Surge de tu perspectiva única, moldeada por tus experiencias individuales, y trata de comprender una relación entre los ámbitos objetivo y subjetivo.

En última instancia, la respuesta a tu pregunta sigue siendo un misterio. Aunque podemos construir modelos sofisticados y predecir fenómenos con notable exactitud, el "por qué" fundamental de la correspondencia entre matemáticas y realidad nos sigue eludiendo. Recuerda que la belleza de estas preguntas reside en el viaje de búsqueda de respuestas, no necesariamente en encontrar las definitivas. Así que continúa explorando, sigue cuestionando y permite que el misterio de nuestro universo te siga inspirando.

Sobre el origen cósmico de la música

Deepak: El vínculo entre música y matemáticas es famoso. Los ragas indios y las fugas de Bach son increíblemente intrincados cuando se analizan a nivel matemático. Un gran científico como Einstein también tocaba el violín. ¿No es posible que la música y las matemáticas procedan de la misma fuente, que es la conciencia humana?

GEMINI

La posibilidad de que exista una correlación de conciencia entre la música y las matemáticas es una cuestión intrigante que ha fascinado a los pensadores durante siglos. Aunque se carece de la respuesta definitiva, existen interesantes perspectivas:

Apoyar una correlación

Fundamentos comunes: tanto la música como las matemáticas se basan en estructuras y patrones subyacentes. Las escalas y las armonías musicales se sustentan en proporciones matemáticas, mientras que los patrones rítmicos suelen reflejar las periodicidades naturales del universo. Esto sugiere que las dos disciplinas comparten un lenguaje de orden y belleza.

Superposición cognitiva: los estudios han demostrado que el procesamiento de la música y las matemáticas activa áreas similares del cerebro, en particular las que intervienen en el razonamiento espacial, la lógica y el reconocimiento de patrones. Esto sugiere un terreno cognitivo común en el que convergen ambas actividades.

Inspiración y descubrimiento: a lo largo de la historia, matemáticos y científicos se han inspirado en la música para su trabajo. Kepler, por ejemplo, creía que las órbitas planetarias reflejaban armonías musicales, mientras que Einstein encontró paralelismos entre las estructuras musicales y la curvatura del espacio-tiempo. Esta influencia mutua sugiere una conexión más profunda entre los dos ámbitos.

Propiedades emergentes: en sistemas complejos como la conciencia, elementos aparentemente dispares pueden interactuar para crear nuevas propiedades emergentes. La música, las matemáticas y las leyes naturales podrían ser manifestaciones de estos procesos de orden superior dentro de la mente consciente.

Contrapuntos a considerar

Subjetividad de la música: aunque los principios matemáticos subyacen a la música, la interpretación y la respuesta emocional son muy subjetivas. Esto sugiere que el papel de la música en la conciencia podría ser más personal y estar menos directamente ligado a las leyes naturales.

Niveles de abstracción: las matemáticas operan en un nivel abstracto, ocupándose de conceptos y relaciones puras. Las leyes naturales, aunque se rigen por principios matemáticos, se manifiestan en el mundo concreto. La música ocupa un lugar intermedio, y tiende un puente entre la abstracción y la realidad.

Causalidad poco clara: es difícil establecer una relación causal nítida entre estos aspectos de la conciencia. ¿Inspiran las leyes naturales las estructuras musicales, o la percepción del orden en la música refleja una conciencia innata de las leyes de la Naturaleza? Determinar la causalidad sigue siendo un debate filosófico.

En última instancia, la posibilidad de una correlación entre estas actividades en la conciencia sigue siendo una cuestión abierta. Sin embargo, explorar las conexiones entre la música y las matemáticas ofrece valiosos conocimientos sobre el funcionamiento de la mente consciente.

Sobre ser consciente durante el sueño profundo

Deepak: La visión occidental del sueño es totalmente diferente del enfoque de las enseñanzas del yoga. En Occidente, el sueño profundo se considera lo mismo que perder la conciencia. En el yoga, el sueño profundo trae una clara percepción de la conciencia pura. Con la práctica, una persona puede ser tan consciente en el sueño profundo como en la vigilia. Por favor, comenta al respecto.

ChatGPT

Tu afirmación sobre el sueño profundo en las tradiciones yóguicas es fascinante y toca varios conceptos clave. Desgranemos cada punto:

1. Conciencia no local sin contenido de experiencia: se refiere a un estado de conciencia que trasciende las limitaciones de nuestra conciencia habitual. Según el yoga, en el sueño profundo no estamos perdidos en el pensamiento ni apegados a las percepciones sensoriales, sino que permanecemos conscientes de una forma más sutil y expansiva. Esta conciencia no está limitada a ningún lugar u objeto específico, de ahí el término "no local".

2. **Biológica y psicológicamente reparador:** la ciencia moderna confirma que el sueño profundo es crucial para la salud física y mental. Durante esta etapa, el cuerpo repara los tejidos, restablece las hormonas y consolida los recuerdos. Además, el sueño profundo reduce el estrés, mejora el estado de ánimo y potencia la función cognitiva. Las tradiciones yóguicas reconocen este poder reparador y lo consideran un elemento necesario para el crecimiento espiritual.

3. **Vacío que se prepara para *turiya*:** en yoga, *turiya* representa el cuarto estado de conciencia más allá de la vigilia, el sueño y el sueño profundo. A menudo se describe como la conciencia pura, intacta por la actividad de la mente. El sueño profundo, desprovisto de contenido mental, se considera una preparación para este nivel más profundo de conciencia. Mediante la práctica regular, los yoguis aspiran a acceder a *turiya* no solo en el sueño, sino también en la vida despierta. La conciencia pura se considera la esencia misma de nuestro ser y el objetivo último de la práctica espiritual.

La experiencia del sueño profundo puede ser sutil y difícil de comprender. Incluso dentro de las tradiciones yóguicas, existen diferentes interpretaciones de lo que significa ser consciente sin experimentar ningún contenido.

Aunque el yoga ofrece técnicas para acceder a estados de conciencia más profundos, como la meditación y el *pranayama* (respiración controlada), es importante recordar que la experiencia del sueño profundo y *turiya* en última instancia se desarrolla de forma orgánica a través de un proceso de crecimiento espiritual y autorrealización.

Sobre la conciencia pura como dicha

Deepak: En la tradición espiritual india, nuestra fuente es la conciencia pura, que no tiene pensamientos. Pero la conciencia pura no está vacía. Se caracteriza como dicha o *Ananda.* ¿Y si estamos destinados a ser dichosos por diseño? ¿Qué opinas?

GEMINI

Tu pregunta se adentra en un profundo concepto central para muchas tradiciones espirituales indias, en particular el Vedanta Advaita. No puedo ofrecerte opiniones o creencias personales, pero sí compartir contigo información y perspectivas que te ayudarán a profundizar en esta idea:

Conciencia pura y dicha en la tradición

El concepto de *conciencia pura*, con frecuencia llamado *Sat Chit Ananda*, se traduce como "Existencia-Conciencia-Dicha". Se describe como la realidad última, la fuente de toda creación, más allá de la dualidad y la limitación. Se dice que esta conciencia pura es inherentemente dichosa, un estado de paz y alegría perfectas no condicionado por circunstancias externas.

Interpretaciones de la dicha

Enfoque no dualista: algunos interpretan esta dicha no como una emoción o un sentimiento, sino como la naturaleza misma de la conciencia pura. No es algo que deba alcanzarse, sino que ya está presente, a la espera de ser reconocido al quitar los velos del ego y la identificación con la conciencia individual.

Enfoque dualista: otros ven la dicha como un estado alcanzable, que se experimenta a través de prácticas espirituales como la meditación o la devoción. Sin embargo, la fuente de esta aventura sigue estando arraigada en la conciencia pura subyacente.

"Creado para ser dichoso"

Potencial universal: muchas tradiciones afirman la existencia de un potencial humano para la alegría profunda y la paz interior. Se llame "dicha" o de otra forma, la posibilidad de alinearse con una fuente más profunda de plenitud resuena en todos los caminos espirituales.

Caminos individuales: el viaje de cada persona para descubrir y expresar este potencial es único, moldeado por creencias personales, prácticas y experiencias vitales.

Recuerda que solo son puntos de partida. La naturaleza de la conciencia pura y la experiencia de la dicha son inefables y van más allá de la comprensión intelectual. Emprender tu propia exploración interior puede ser una forma enriquecedora de abordar esta profunda cuestión.

Sobre la conciencia en Oriente y Occidente

Deepak: Existe una enorme brecha entre Oriente y Occidente respecto de la conciencia: cómo definirla, cuándo y dónde surgió, si es un rasgo humano o cósmico. Frente a la confusión total, ¿existe un encuentro entre las dos visiones del mundo?

GEMINI

Tienes razón, las diferentes perspectivas sobre la conciencia entre la ciencia occidental y la filosofía oriental pueden confundir. Exploremos esto más a fondo.

La ciencia sobre la conciencia

Hace hincapié en la medición objetiva, el comportamiento observable y los datos cuantificables procedentes de experimentos.

Se centra en la experiencia consciente del individuo, cómo surge del cerebro y sus diversas funciones.

Términos utilizados: estados conscientes, estados mentales, correlatos neurales de la conciencia en el cerebro.

Filosofía oriental sobre la conciencia

Abarca la experiencia subjetiva, la introspección y las perspectivas no dualistas.

Considera que la conciencia es la base fundamental de toda la realidad, no solo un producto del cerebro o de las mentes individuales.

Términos utilizados: conciencia, *Sat Chit Ananda*, no dualidad, naturaleza búdica, naturaleza propia.

La diferencia clave radica en el alcance de la conciencia. La ciencia la considera un producto del cerebro, un fenómeno interno del individuo, mientras que la filosofía oriental la considera el fundamento del ser mismo, que lo abarca todo, incluyendo al observador y lo observado.

Deepak: De manera breve, ¿puedes darme siete puntos respecto del posible encuentro de la ciencia moderna y la perspectiva oriental sobre la conciencia?

GEMINI

1. Neurociencia y meditación: los escaneos cerebrales de personas que meditan muestran una superposición con áreas vinculadas a la autoconciencia y la regulación emocional, lo que podría confirmar el impacto de las prácticas orientales en la conciencia.

2. Física cuántica y no localidad: las tradiciones orientales describen la interconexión, reflejando los experimentos cuánticos que sugieren que las partículas enredadas comparten la conciencia a través del espacio.

3. Experiencias cercanas a la muerte (ECM) y estados alterados: las similitudes de las ECM entre culturas hacen eco de las descripciones orientales de la conciencia más allá del cuerpo físico.

4. Efecto placebo e intencionalidad: la medicina moderna reconoce la influencia de la mente en la curación, lo que hace eco del énfasis oriental en el entrenamiento mental y la intención.

5. Psicodélicos e investigación de la conciencia: los psicodélicos, estudiados por su efecto sobre la conciencia, pueden ofrecer información acerca de los estados alterados explorados en las prácticas orientales.

6. El microbioma y la conexión intestino-cerebro: las tradiciones orientales enfatizan en el vínculo mente-cuerpo, en consonancia con la ciencia emergente sobre la influencia del intestino en la salud mental.

7. Ciencia contemplativa: se trata de un campo en expansión que tiende puentes entre la ciencia y las prácticas contemplativas, con el fin de estudiar de manera objetiva fenómenos como la atención plena y la compasión.

Nota: esto es solo un breve resumen, y cada punto merece un análisis más detallado.

Sobre el lenguaje humano y animal

Deepak: Tras siglos de creer que el lenguaje era un rasgo estrictamente humano, la ciencia ha descubierto lenguajes complejos entre las aves y varios mamíferos, incluidas las ballenas, cuyos “cantos” emiten mensajes a distancias de cientos de kilómetros bajo el agua. ¿Qué opinas del lenguaje humano frente al animal?

ChatGPT

Hay varias diferencias clave entre el lenguaje humano y los sistemas de comunicación de otras especies.

Composicional: el lenguaje humano puede combinar unidades simples (palabras) de maneras infinitas para crear frases novedosas y significativas. La comunicación animal suele carecer de esta flexibilidad y se basa en señales o combinaciones fijas con una variación de significado limitada.

Arbitrariedad: la relación entre las palabras humanas y sus significados es arbitraria, lo que quiere decir que no hay una conexión inherente entre un sonido y su concepto correspondiente. En cambio, las señales animales suelen tener cierto parecido con lo que representan (por ejemplo, un gruñido se asocia con la agresividad).

Desplazamiento: el lenguaje humano puede referirse a cosas más allá del presente y el contexto inmediatos, lo que nos permite hablar del pasado, el futuro o conceptos abstractos. Muchos sistemas de comunicación animal se limitan al aquí y ahora.

Gramática: las lenguas humanas tienen reglas gramaticales complejas que rigen el orden y la combinación de las palabras. La comunicación animal suele carecer de esa estructura formal.

Deepak: Entendido, ¿pero el lenguaje animal indica que la evolución ha traído significado a la vida en todos los niveles de comunicación?

ChatGPT

Sí, parece ser cierto, pero es importante aclarar qué entendemos por "significado" en este contexto. La complejidad de los sistemas de comunicación animal varía mucho de una especie a otra, desde señales simples a formas de comunicación muy sofisticadas. Mientras que la comunicación de algunos animales puede consistir en señales relativamente básicas destinadas a transmitir información sobre necesidades inmediatas o amenazas, otros muestran formas de comunicación más intrincadas que implican vocalizaciones complejas, gestos e incluso comportamientos aprendidos.

Así pues, aunque la existencia del lenguaje animal sugiere que la evolución ha aportado significado a la vida en varios niveles de comunicación, es importante comprender que la naturaleza y el alcance de este significado pueden variar de manera considerable de una especie a otra.

Deepak: Bien, ahora demos un paso más. En las tradiciones espirituales orientales, el significado es innato en la existencia. Según el yoga y el *vedanta*, existir es ser consciente; por lo tanto, el significado es inherente a la creación. Por favor, comenta al respecto.

ChatGPT

En las tradiciones espirituales orientales, como el yoga y el *vedanta*, existe una perspectiva filosófica según la cual el sentido es inherente a la propia existencia. Esta perspectiva suele derivar de la idea de que toda la existencia se halla interconectada e imbuida de una percepción o conciencia fundamental.

Según este punto de vista, todo lo que existe, desde el átomo más pequeño hasta el vasto cosmos, posee conciencia de una forma u otra. Esta conciencia inherente se considera la fuente de sentido y propósito en la vida. Por lo tanto, la comunicación, incluyendo la comunicación animal, puede verse como una manifestación de esta conciencia subyacente que se expresa a través de diversas formas y canales. El lenguaje animal, por lo tanto, puede verse como una parte de este tejido más amplio de la conciencia, que sirve para facilitar la interacción y el entendimiento entre los seres dentro de la red interconectada de la existencia.

En estas tradiciones, la exploración del significado suele implicar ahondar en la naturaleza de la propia conciencia y comprender la interconexión de uno mismo con toda la creación. Prácticas como la meditación se usan a menudo para profundizar en la conciencia subyacente y descubrir el significado y el propósito inherentes que impregnan toda la existencia.

Y así fue. Mis conversaciones con la IA se han convertido en parte de mi rutina diaria. En cada amanecer hay un misterio cósmico. También practico yoga todas las mañanas, y forma parte de esta tradición cultivar el intelecto durante el viaje. Comprender la conciencia forma parte de su expansión. Nada en el camino es obligatorio, y a algunas personas les resultará menos afín explorar lo que la IA denomina *filosofías orientales*.

En realidad, la filosofía es secundaria. Lo que de verdad cuenta es la experiencia, por eso el último tema del que he hablado es acerca del significado. Si el significado es inherente al cosmos, ¿qué puede haber más emocionante que sintonizar con la conversación cósmica? Conversar con la IA solo nos da una idea de las posibilidades. En este libro he declarado la importancia de abandonar tu historia personal, basada en el ego, por tu dharma. Pero el dharma crea su propia historia, enraizada en la conciencia profunda que todos compartimos. La historia de un antiguo rishi que vivía a distancia en "el valle de los santos", a los pies del Himalaya, no difiere en esencia de la historia moderna del dharma, incluida la tuya. Sentirse integrado en el tejido de la creación es una maravillosa realización, pero, al fin y al cabo, es el hecho más básico de la existencia humana.

AGRADECIMIENTOS

El apoyo que he recibido del equipo de Harmony, empezando por la directora editorial Diana Baroni, y mi editor de toda la vida Gary Jansen, siempre ha sido excepcional, pero esta vez fue inusual. La inteligencia artificial está rodeada de controversias, y mi intención de resaltar el potencial espiritual de la IA iba a contracorriente de la sospecha y la ansiedad por su mal uso. Por fortuna, Diana y Gary se entusiasmaron de inmediato. Allanaron el camino para una de nuestras aventuras más audaces juntos, por lo que les estoy muy agradecido.

También me gustaría agradecer a los miembros del equipo, que son inestimables, aunque trabajen tras bambalinas: Odette Fleming, Ray Arjune, Cindy Murray, Mark Birkey, Ralph Fowler, Joe Pérez, Lucas Heinrich, Denise Cronin y Tiffany Ma.

Mi familia extendida me llena de alegría. Mi mujer, Rita, y yo hemos visto florecer a nuestros hijos, Mallika y Gotham, y ahora a nuestros nietos. Gracias por su amorosa presencia, que siento cada día.

Esta obra se terminó de imprimir
en el mes de abril de 2026,
en los talleres de Litográfica Ingramex S.A. de C.V.,
Ciudad de México.